NF文庫
ノンフィクション

新装版

ロッキード戦闘機

〝双胴の悪魔〟からF104まで

鈴木五郎

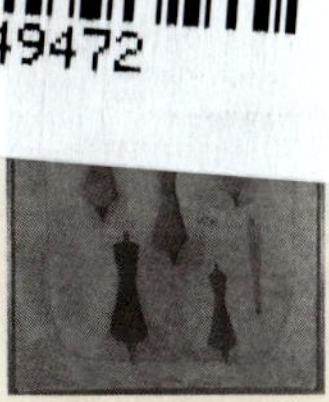

潮書房光人新社

はじめに

日本人にとって、「ロッキード」という名は、太平洋戦争における憎むべき敵機として、記憶に刻みこまれた名である。

とりわけ、ロッキードP38戦闘機は、日本海軍の英雄・山本五十六長官機を撃墜した敵機であり、また日本本土上空へもたびたび飛来して、執拗《しつよう》な銃爆撃を行なった。その異様な双胴のスタイルとともに、戦中世代には忘れがたい飛行機であろう。が、それはもう、数十年以上もまえの話である。

あるとき、ロッキード事件という世間を震撼させたスキャンダルが起こった。新聞・雑誌・電波といったあらゆるマスコミは、連日この事件を大きく取りあげていた。

しかし、ロッキード社の記事が派手にマスコミに登場すればするほど、私には、ひとつの疑問ないし不満が生じてきたのであった。どの記事も、事件の裏側をスクープしようとするあまり、肝心のロッキードという会社の本体を見失っているように思えてならないからである。ロッキード社とは、どのようにして生まれ、どのように発展し、どんな製品を生みだし、どんな戦歴を持っているのか、その点が、まったくといってよいほど無視されていることである。だから、ロッキードという会社の本質的性格にまで触れた記事には、いまだお目にかかっていない。これは、ジャーナリズムの一つの盲点であろう。

ところで、私自身とロッキードとの出会いは、いまから数十年むかしにさかのぼる。双発双胴の戦闘機、ロッキードP38をはじめて写真で見たとき、当時中学生だった私は息をのんだ。航空雑誌に「設計家の夢」という欄があり、飛行機マニアだった私は、それにしばしば突飛な案や設計図を投稿していたのだが、P38はまさに「夢」に出てくる戦闘機そのものだった。

「スピードを最高に生かすには、この手しかないが、よくもここまでにまとめあげたものだ」

と、航空ファンたちも写真をあかずながめ、賛嘆していた。とくに、はじめはぼかされていた排気タービン・スーパーチャージャーが、はっきりわかるようになったとき、「これぞアメリカの航空技術だ」と感心し、ここまで日本の技術が到達するには、どのくらいかかるのだろう、と子供心にも思った。

また、そのころ、大日本航空で東京~新京（および北京）間に、特急航空便としてロッキードの14WG3型「スーパーエレクトラ」双発高速旅客機を輸入し、使用していたが、高速機につきものの速い離着陸速度を殺すため採用していたファウラー・フラップ（下げ翼）に、

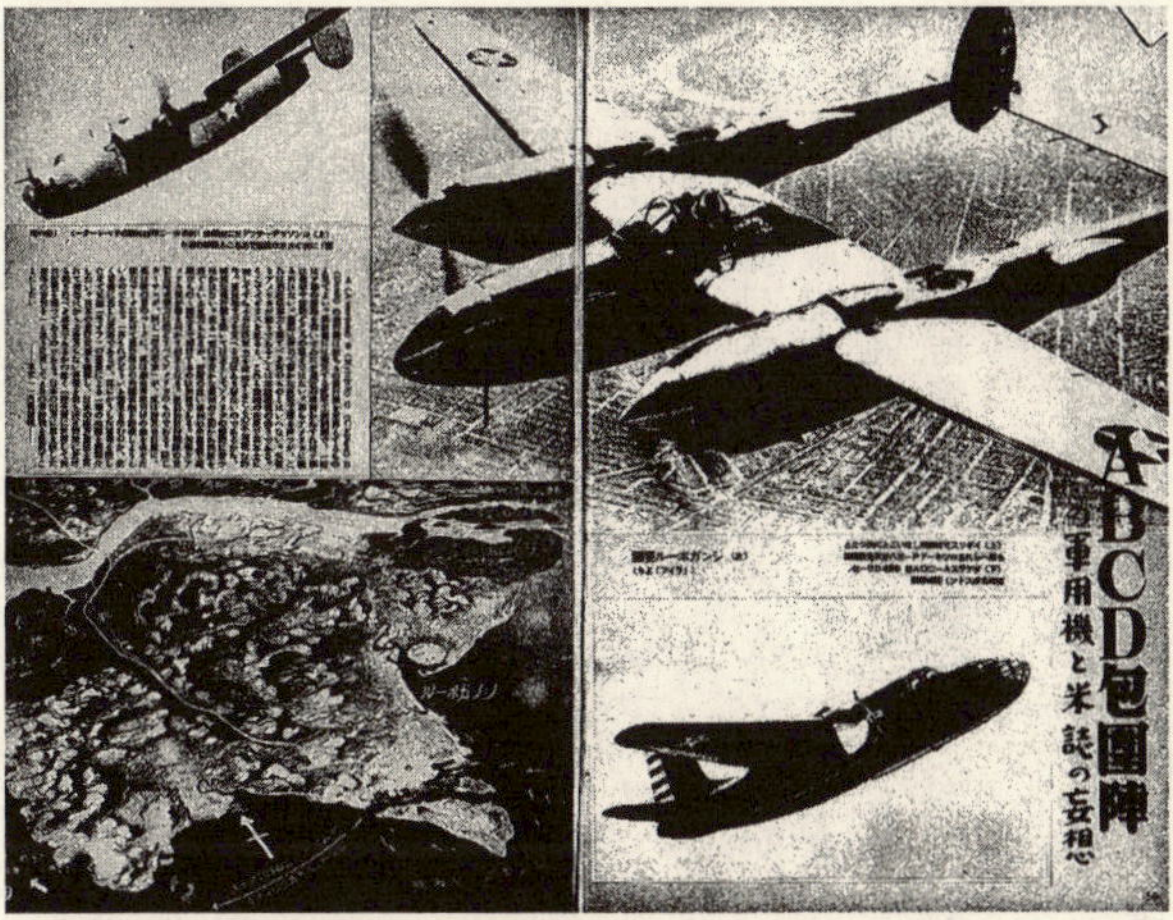

太平洋戦争以前（昭和16年10月号「航空朝日」）、日本にその独特な形状を紹介されていたロッキード P38戦闘機。欧州戦線のイギリスにおいて同機が採用されないことが伝えられている。他にB24とA20が載っている。

われわれは心を奪われた。

「このフラップで、これからの飛行機は進歩していく」

と信じた。その通りに、第二次大戦機の多くにファウラー・フラップが付けられ、今日のジェット機もすべて同じ原理によるフラップが採用されている。「スーパーエレクトラ」は、旅客機にそれを実用化させたパイオニアだった。

スピードを最優先させることこそ、ロッキード製飛行機の最重要ポイントであった。それは、けっして間違った方向ではなかった。なぜなら、飛行機というものが、常に極限のスピードを追求しつつ発達してきたものだったからである。

このスピード優先思想が最高度に達

したのが、日本の航空自衛隊で採用されたF104「スターファイター」戦闘機であり、黒いスパイ機として世界的話題になったSR71戦略偵察機であった。

しかし、ロッキード社がこうした高速軍用機だけの企業であれば、べつに問題は起こさなかったにちがいない。悲劇は、同社の経営体質にあった。他社との生存競争のため、巨人旅客機や輸送機、宇宙機器などの開発と製品化を手がけているうち、いつのまにか、ロッキードは、アメリカ有数の巨大企業になってしまった。そこに無理を生じたり、落とし穴がひそむことになった。

同社は、これまでにも何回か経営的な危機を迎えていたが、やりくりして切り抜けてきた。それはけっして恥ずべきことではないし、どの会社も経験していることだ。ところが、ロッキード社は、巨大企業に成長したのちも、しっかりした経営上の見通しを持ちえなかった。そこに悲劇があった。

詳しい経緯は本文をお読みいただきたいが、大型軍用輸送機（C5）やエアバス「トライスター」の販売戦略を誤ったために、倒産のピンチに立たされ、それを打開するために、空前の猛烈商法が展開されていったのである。コーチャン社長みずから陣頭指揮をとっての体当たり商法が、結果的に、世界的なスキャンダルとなって摘発されたことは、ご存知のとおりである。

この本は、ロッキードという一般航空機会社の生いたち、製品、その発展、その経営といったものを、きわめてクールに、かつ公平に書いたものである。とりわけ、第二次大戦下の花形戦闘機であるP38には、多くのスペースをさいた。

また、本書のタイトルは『ロッキード戦闘機』としたが、戦闘機だけにこだわらず、P3C対潜哨戒機、U2戦略偵察機、エアバス「トライスター」など、数多くの飛行機を取りあげた。ロッキード社の歴史、ロッキード社の製品を知らずして、ロッキードを語ることはできないはずだからである。

終わりに、本書執筆にあたり、お世話になった多くの皆さまに、厚くお礼を申しあげる。

鈴木五郎

ロッキード戦闘機——目次

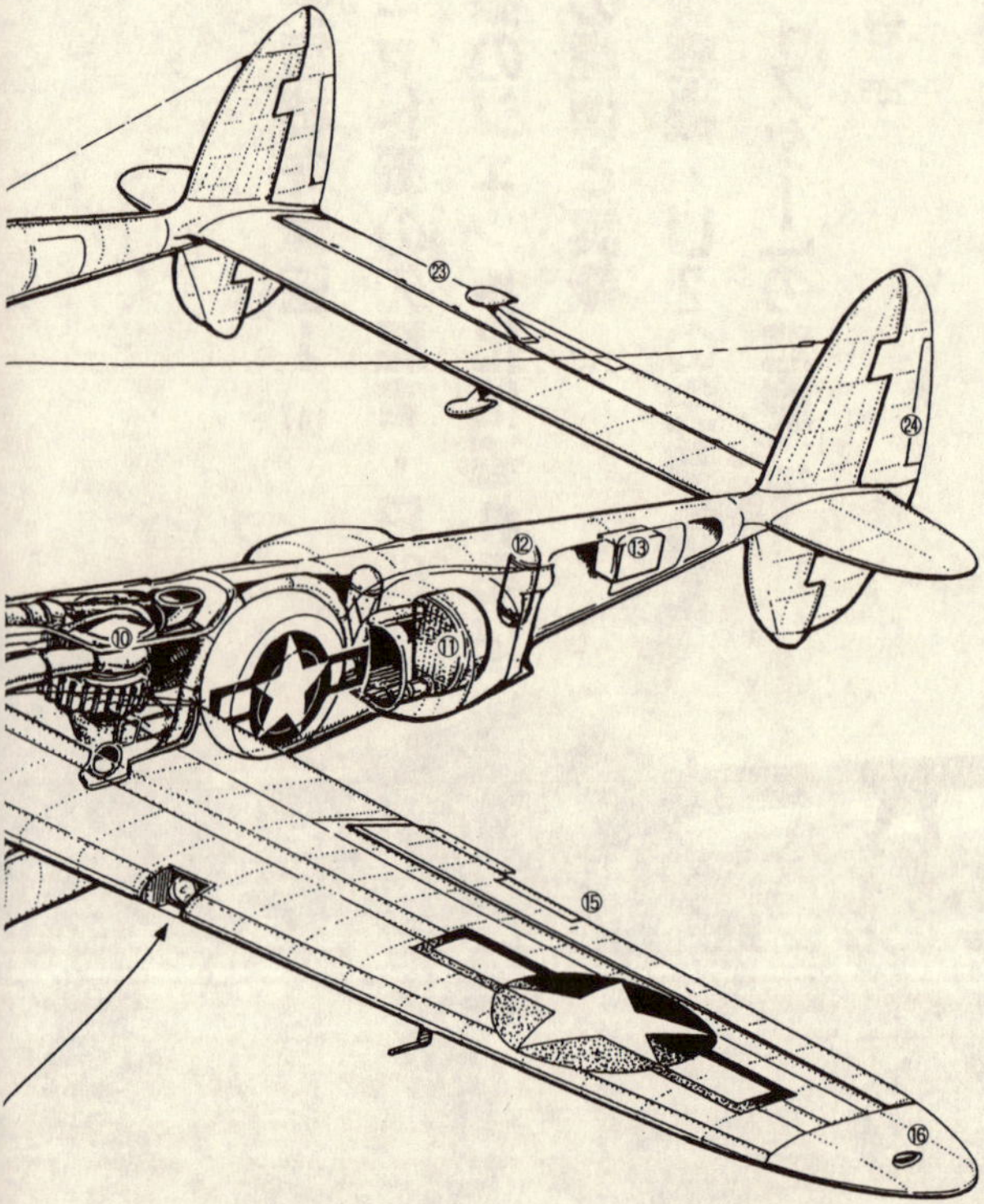

⑬バッテリー
⑭オイルタンク
⑮補助翼
⑯翼端灯
⑰主車輪
⑱防弾ガラス
⑲バックミラー
⑳照準器
㉑操縦席
㉒無線機類収容部
㉓昇降舵
㉔方向舵
㉕防弾装甲板

ロッキードP38Jの構造図

①カーチス・電気フルフェザリング・プロペラ
（左右非対称回転）
②12.7ミリ機銃×4,20ミリ機関砲×1
③12.7ミリ銃弾倉
④20ミリ砲弾倉
⑤前車輪
⑥オイル冷却器
⑦中間冷却器
⑧アリソンV-1710-89／91液冷12V
エンジン（1425馬力）
⑨主翼燃料タンク
⑩ターボ・スーパーチャージャー
⑪冷却器
⑫酸素ボンベ

ロッキード戦闘機

〝双胴の悪魔〟からF104まで

1 創始者・ローグヒード兄弟

胸こがす大空へのあこがれ

私はこの物語を、ロッキード社の生い立ちから始めたいと思う。話は、いまから一世紀あまり前、二十世紀初頭までさかのぼらねばならない。

リリエンタールとラングレイという航空理論の二大先覚者を、間接的、直接的に師とすることのできた自転車修理業のライト兄弟は、さらに軽量のガソリン・エンジンの実用化というタイミングに恵まれて、ついに人類初の動力飛行に成功した。一九〇三年（明治三十六年）暮れのことであった。

このキル・デビル砂丘《ヒル》（アメリカ・ノースカロライナ州）での初飛行は、「人間を乗せてみずからの力で空中に舞い上がり、速度をおとすことなく前進して、出発したところと同じ高さの地点に着陸した」（弟オービル・ライトの回顧録より）のである。

しかし、この偉大な事実は、当時の多くの人びとに、

「空を飛ぶなんて、そんなバカな……」

とか、もっとひどいのは、

「たかが自転車屋ふぜいに〝空飛ぶ機械〟をつくれるわけがない」

といった無理解や中傷で、ほとんど黙殺されてしまい、まったくニュースとして扱われなかった。


ライト兄弟の飛行が、真の意味で広く世界に紹介されたのは、実に二年近くたってからである。

一九〇五年（明治三十八年）十月五日、改良されたライト三号機は三八分間、二八マイル（約四五キロ）の飛行に成功、「ニューヨーク・ヘラルド・トリビューン」紙が大特ダネとして報じた。

しかしイギリスでは、すでに一九〇四年にかすかに伝えられた彼らの〝空飛ぶ機械〟の不確かな情報に関心を示し、一九〇五年の初めにライト改良二号機を注文している。ヨーロッパ各国のほうが当のアメリカより、飛行機にたいする興味が強かったのだ。


兄のウィルバーは一九〇八年五月末、フランスに渡ってライト複葉機を披露し、八月六日に飛んで見せた。この飛行は二分足らずであったが、

「ライト兄弟が、人類初の飛行を行なったことは間違いない。われらのサントス・デュモン（パリ生まれのブラジル人）は、やはりあとだった」

とカブトをぬいだのをみても、彼らの関心の深さがわかる。

1903年12月17日、ウィルバー(兄)とオービル(弟)のライト兄弟はノースカロライナ州キティホークでフライヤー号による動力飛行に成功した。

とはいえ、アメリカ国内での飛行機熱も一九〇八年から急激に高まってきた。同年七月、グレン・カーチスは、自作の複葉機〝ジューン・バッグ〟で飛行に成功した。

そして翌年、『空の集まりもの』と題する航空関係の図書が発刊され、非常な反響を呼んだ。これはその後一〇年間、航空技術図書のベストセラーをつづけたが、この著者がだれあろう、ロッキード三兄弟の長兄、ビクター・ローグヒードである。

ローグヒード（Loughead）の父はアイルランド系の移民で、イリノイ州に住み、ビクターの母親とわかれ、他の女性と再婚した。

ビクターは技術関係のジャーナリストとなったが、〝空飛ぶ機械〟に強くひかれ、ラングレイの〝エアロドローム〟号に注目していた。それが失敗したあとのライト〝フライヤー〟号には、ニュースが遅れたため関心は薄かったが、一九〇五年の大飛行から傾倒するようになったという。こうした飛行結果と飛行理論な

F１飛行艇の操縦席に座るローグヒード兄弟。左が弟のアラン、右が兄のマルコム。ロッキード社の創業者である。

どをまとめたものが『空の集まりもの』であった。

第一号機〃G〃の初飛行

長兄ビクターの影響を受けて、腹違いの次兄マルコム・ローグヒード（Malcolm Loughead）と末弟アラン・ローグヒード（Allan Loughead）も、飛行機に夢中になった。

ちょうど一九一〇年一月、アメリカ最初の飛行大会がロサンゼルス南方のドミンゲスで行なわれた。数千の見物人がつめかけて見守る中を、フランスのルイ・ポーランが一四〇〇メートルまで昇った(高度記録)。

また、同年五月二十九日にはグレン・カーチスがハドソン川沿いにオルバニー～ニューヨーク間二四〇キロを約五時間で結ぶといったように、画期的な飛行が記録されていた。

さらに一九〇九年七月二十五日、フランスのルイ・ブレリオがドーバー海峡を初横断するにおよんで、マルコム、アランのローグヒード兄弟は、技術的な才能をもちあわせていたか

ローグヒード複葉水上機〝G〟。ローグヒード兄弟が製作した第１号機。

ら、もう矢もたてもたまらず、翌一九一一年になると、サンフランシスコのパシフィック・アンド・ポーク街に倉庫を借り、水上機の研究製作をはじめた。

当時の資料によると、この年に航空先覚者や飛行機狂たちが製作した飛行機は、七五〇機に達している。だが、ちゃんと飛行できたのは、ライト、カーチス、マーチンらの十数機だけであった。

末弟のアランは、カーチス機によって操縦法を会得しながら、マルコムとともに最初の複葉水上機〝G〟の製作にうちこみ、翌一九一二年春には完成にこぎつけた。これは、単浮舟《フロート》に下翼下の補助浮舟をもった、いまでいえばオーソドックスなタイプの、アメリカで最初の牽引式《トラクター》水上機である。

カーチス機をモデルにしたため、補助翼や一部構造にその影響が見られるが、機首にエンジンを取り付け、牽引式プロペラを用いている。パイロットのほかに二人の同乗者を乗せることができて、当時としては数少ない〝大型機〟の一つとして注目された。

さらに、カーチスOX型水冷式V型八気筒八〇馬力エンジンを備え、最大時速が一〇〇キロを超えた。これは当時の快速機の一つに数えられるとともに、尾翼は、今日のジェット機にみられるオールフライング式（全浮動式）で、ローグヒード兄弟の手腕がうかがえる。

アランの操縦によるテスト飛行は五月一日に行なわれ、サンフランシスコ湾を離水してアルカトラス、ノップヒル、そしてマーケット街の上空を回り、一五分後にもとのところに着水した。この成功に、先駆者の一人であるカーチスでさえ、

「ローグヒードGはすばらしい飛行機だ。彼ら（兄弟）はこれからの航空界をリードするだろう」

と感嘆したという。

その後、G水上機は一九一五年、つまり第一次大戦の翌年までに六〇〇回、しかも前席に乗客をいつも二人乗せて飛んだ。これはかなり記録的なことである。

もちろん多少のトラブルはあったであろうが、人命にかかわる事故がなかったという点に意義がある。このころの飛行機は、これだけの回数を飛べばほとんど機体は失われていたのだから……。

ローグヒード社の創立

アメリカの航空機製作会社（といっても町工場に毛の生えたようなものだったが）は、一九一四年までにグレン・L・マーチン社、エアロ・マリーン社、パシフィック・エアロ・プロダ

クツ社（後のボーイング社）、カーチス社、ファウラー社、L・W・F社、スタンダード社、スタートバント社、トーマス・モース社、ライト社などが設立されていた。

だが、第一次大戦のはじまったとき（一九一四年）、これらの工場から生産されたのは総計百余機に過ぎない。そのほとんどが練習機ていどで、パイロットはわずか七三人であった。

しかし、この大戦はアメリカを一大兵器廠へと変えた。航空工業が急速に発展して、一九一七年の対独宣戦布告から翌年にかけて、何と一万六〇〇〇機を生産、月産一七五〇機に達した。カーチスが四〇一四機、デイトン・ライトが三五〇六機、スタンダードが一〇三三機、トーマス・モースが五九九機といったぐあいである。

参戦直後、マーチンは、ドナルド・W・ダグラス（のちのダグラス社の創始者）を技師長にすえて再建され、爆撃機一〇機を製作したが、時期を失し、戦争に間に合わなかった。ローグヒードとしても、戦争という名の〝バス〟に乗り遅れるわけにはいかなかった。アメリカの参戦する前年の一九一六年、カリフォルニア州のサンタバーバラにローグヒード航空機製作所（Loughead Aircraft Manufacturing Co.）として正式設立し、F1飛行艇を急ぎ設計製作した。

これは複葉双発の飛行艇で、全幅が二一・五メートル、全備重量が三・二トンの、当時世界最大の飛行艇であった。ホールスコットの水冷直列六気筒一六〇馬力エンジン二基というのも強力で、最大時速一三五キロを出している。パイロットのほか、乗客一〇人を乗せることができた。

折から訪米中のベルギーのアルベール国王夫妻が試乗するという栄誉に浴して、アメリカ海軍の目をひいた。しかし発注されるまでにはいたらず、一機つくられただけである。このすぐれた飛行機の設計者が、のちにダグラス社に移って旅客機のベストセラー、DC3の先祖であるDC1を設計したジョン・ノースロップであることを知れば、いかにも当然と思うことができるだろう。

F1は採用されなかったが、つづいて製作されたHS2L哨戒艇は、さらに大きく(全幅二三・五五メートル)強力(三三〇馬力二基)で、五〇機の発注を受けた。第一次大戦に参加した軍用機が、やっとその実力を発揮し、戦闘の主導権を握るようになりはじめたことに注目したアメリカ海軍が、多大の期待をかけたからである。

ところが、量産をはじめたとたんに休戦ラッパが鳴りひびいたため、二機つくっただけで中止となった。もっとも、休戦前にフランスの戦線に到着したアメリカ機は、ほとんどなかったのだから、それもいたしかたない。

一機も売れないS1スポーツ機

終戦によって、アメリカの航空機工業はストップした。そして、戦時余剰のカーチスJN4「ジェニー」練習機やデハビランドDH4戦闘爆撃機、それにリバティ・エンジンなどが、何百何千となく市場にあふれた。

「ここしばらくは軍用機をつくっても仕方ないし、そうかといって練習機や郵便機は『ジェニー』で占められているし……」

マルコムがどうしようもないという顔でアランに言うと、

「しかし、『ジェニー』やデハビランドでは、もうすぐ使いものにならなくなるよ。戦争であれだけ進歩した飛行機に、世間はもっと期待をかけているんだ。うんとすぐれた機体のひな型をつくってみようじゃないか」

と、アランは建設的意見をはいた。

これにマルコムもひざをのり出し、

「うむ、それはいいアイデアだ。とりあえずスポーツ的な軽飛行機を二人で設計してみよう」

ということになった。

ローグヒードF１飛行艇(上)、ローグヒードHS２C哨戒艇。

カーチス・ジェニー（上）、デハビランドDH４戦闘爆撃機。

けんめいに案を練るうち、胴体は完全紡錘《ぼうすい》形の流麗なものとなり、構造も合板によるモノコック（張殻）式が採用された。これはアメリカ最初の合板胴体であり、以後のロッキード高速旅客機の母体となっている。

Ｓ１と呼ばれたこの軽飛行機は複葉であるが、下翼の取り付け角度を変化させて、補助翼およびエアブレーキと同じ役をつとめさせた。これはのちのフラップの元祖と言われている。

ローグヒードＸＬ１空冷並列対向二気筒の二四馬力エンジンを備え、翼幅八・五三メートルの小型機であるが、最大時速一二一キロを出し、当時の飛行機ファンのあこがれの的となった。

しかし、まだ三〇〇ドルで売られていた「ジェニー」をはね返すには至らず、一機つくら

胴体部が紡錘形の流麗なスタイルとなったローグヒードＳ１軽飛行機。

れただけだった。ローグヒード社の宣伝によれば、「一マイルにつき一セントの運航コスト」ということで、当時抜群の低廉さであったのだが、これさえも一機三〇〇ドルには勝てなかったのである。

ローグヒード社は、これで一九一一年から五機の新機と数機の「ジェニー」改造型を生産したにとどまったので、ひとつ大々的にPRしようと大型ポスターを作った。

「資本金二五万ドル。本拠地サンタバーバラ・カリフォルニア。アメリカ海軍との契約会社。一九一二年以来すべての飛行機が成功」

と書き、製作機の写真を配列してあるが、「ローグヒード」のあとに〃ロックヒード（Lock-Heed）と呼んでください〃とただし書きがついている。

Lougheadだとローグヘッド、あるいはロウヘッドと発音されやすく、混乱を生じていた。それでアイルランド風の発音で、綴りもLockheed＝

ロッキードに統一しようということになったのである。もともと兄弟はロッキードと称していたのだが、アメリカ人たちはローグヒードと呼んでいたわけだった。

新会社ロッキード社の設立

一九二〇年代の初めは、第一次大戦帰りのパイロット、興業飛行家、記録を目ざす冒険飛行家たちの時代であった。旅回りの芸人たちは、飛行機を町々の大通りにまで持ち込んで見せ物とした。

ウィップコードの乗馬ズボンに飛行帽と飛行メガネ、皮ジャンパーに皮ゲートルといったいでたちのパイロットが、命知らずの曲乗りを一人当たり五ドル、一〇ドルとって見せた。

また、ニューヨークとサンフランシスコを結ぶ定期航空便は、大戦帰りのパイロットが封書一通を二四セントの料金で運んでいた。勇敢な彼らは、手紙を遅らせまいと、嵐でも濃霧でも、凍《い》てつく寒さの中でも、覆《おお》いのないデハビランドやカーチス改造郵便機で飛んだのである。

ロッキードの古いF1飛行艇も陸上機に改造されて、一人につき五ドルで客を運び、またサンタバーバラのA飛行スタジオで高空撮影をしたり、曲乗り飛行家のための足場として、映画プロデューサーに重宝がられた。

しかし、S1スポーツ機は依然として販売先がなく、ロッキード社は一九二〇年、操業停止の浮き目にあった。

「われわれの目ざすところは間違っていないが、いまはいかにも時機が悪い。チャンスを待とうじゃないか」

と二人は、それぞれ新しい分野を求めることになった。

次兄のマルコムは、自動車用の油圧ブレーキを開発してロッキード航空機製作所から手を引いたため、一九二四年にいったん同社を解散している。

一方、アランは、まだ飛行機への愛着を絶ちがたかった。

「このさい、S1スポーツ機をベースに高速旅客機をつくるのが最善の方策だ」

こう考えたアランは、出資者のフレッド・キーラーを社長にすえ、さらにダグラス社に移っていたジョン・ノースロップをチーフ・デザイナー（主任設計技師）に迎えて、一九二六年、カリフォルニアのバーバンクにロッキード航空機会社（Lockheed Aircraft Co.）を新設した。

副社長兼ゼネラル・マネジャーとなったアランとノースロップは、S1の改良大型化に全神経を集中させてつくりあげた。胴体は同じく合板モノコック構造の弾丸型流線型を採用し、主翼は上翼だけの高翼単葉で、支柱なしの片持式となった。これを見たあるパイロットは、こう言ったものだ。

「こんな飛行機で飛び上がったら、たちまち翼が折れてしまうだろう。あぶなっかしくて乗れやしない」

同じ単葉機でも、スタウト2AT（アメリカ）やユンカースF13（ドイツ）旅客機のよう

厚翼を持つ単葉機であるドイツのユンカースF13旅客機。

に厚翼ならば、なんとなく安定感があり、安心して乗れるらしい。もちろん強度的には、ロッキード機もまったくじゅうぶんで心配はないのだが、当時の〝飛行機乗り〟は全面的に信頼してくれなかった。

そこでアランはノースロップに、

「いっそ翼の付け根を少し厚くして、安心感を与えようか」

ともちかけた。しかし彼は、

「そんなことをすれば、抵抗がふえてスピードを殺してしまう。むしろ見せかけの支柱を左右一本ずつ付けたほうがいい。つまり安定感を生む飾りものさ」

と言い、パイロットの共感を得るまで、それを実行しようとした。

しかし、この「ベガ」（織女星）が完成した一九二七年五月に、チャールズ・A・リンドバーグのライアン単葉機による大西洋横断（正確にはニューヨーク〜パリ間無着陸飛行）があって、それらの杞憂《きゆう》は吹っ飛んだ。飛行機がじゅうぶん信頼するに足る乗り物として、世人の胸に強く焼きついたからである。

花ひらく航空界

これより三年ほど前につくられたスタウト金属航空機のスタウト2AT旅客機は、「ベガ」同様の片持式高翼単葉機であった。リバティ四〇〇馬力水冷エンジンを備えた胴体は、角型断面で抵抗が多く、主翼も厚くて面積が大きかった。

これはアメリカ民間機初の全金属製機で、波形外板を用いた。このため非常に実用性の高いものとなった反面、性能的には従来のものとあまり変わらなかった。合計一一機つくられ、フォード航空やスタウト航空、フロリダ航空で旅客輸送に活躍したが、アメリカの航空技術はそのころ、ぐんと向上している。

例えば海軍では、エンジンの三〇〇時間耐久テストを要求して、各社に大改良を迫っているし、すでに量産にはいったライト「ホワールウィンド」空冷星型エンジン（リンドバーグの大西洋横断機ライアンNYP1にも搭載された）は、二〇〇馬力から二二〇馬力にアップした。

またパッカード（自動車会社の航空機部門）では、六〇〇馬力のエンジンを開発し、ゼネラル・エレクトリックはタービン過給器（空気の希薄な高々度でも馬力を維持できるよう、空気を圧縮する装置）を考案している。さらにカーチスでは、金属プロペラの鍛造《たんぞう》と可変ピッチ・プロペラを提供した。

このような航空技術の進歩が、以後のアメリカの航空産業を世界一にしたといえる。これを基礎として、アメリカの航空機は他国の競争相手を追い落とした。とくに日本では、排気タービン過給器が太平洋戦争終結まで実用化されず、アメリカ機と高空で太刀打ちできなかったのである。

記録面からいっても、アメリカ陸軍のダグラス「ワールドクルーザー」複葉機四機は、一九二四年（大正十三年）四月六日、カリフォルニア州サンタモニカを出発して、途中一機脱落したものの、三機は四万九五六一キロを実飛行時間三五一時間一一分で飛び、一七六日後の九月二十八日、サンタモニカに帰着している。これが、世界初の世界一周飛行の成功である。

これにたいして当時の日本では、同年七月に川西6型「春風」号が、四三九五キロの日本一周飛行を八日と一時間二九分で飛んだのが記録的だった。

日本初の国際飛行は、その翌年の一九二五年七月から十月にかけて、朝日新聞社のブレゲー19「初風《はつかぜ》」「東風《こちかぜ》」の二機が、代々木からローマまでの一万六五五五キロを、実飛行時間一一〇時間五六分（九五日間）で結んだもので、距離と実飛行時間がそれぞれ、世界一周ダグラス機の約三分の一と符号するのはおもしろい。

このあと、一九二七年五月二十日と二十一日にかけて、リンドバーグのライアンNYP1〝スピリット・オブ・セントルイス〟によるニューヨーク〜パリ間無着陸飛行（初の大西洋単独横断飛行）が行なわれ、五八〇九キロを三三時間三〇分で飛んでいる。その直後に企画された日本帝国飛行協会の太平洋横断飛行（国産の川西K12長距離機）は、ついに実現しなかった。

1924年4月6日、サンタモニカを出発するダグラス・ワールドクルーザー(ダグラスT2)。約半年後に同地に帰着、世界周回飛行に成功した。

傑作機「ベガ」シリーズの開発

さて一九二七年七月四日、つまり、リンドバーグが大西洋横断飛行した一ヵ月半後、「ベガ」一号機がテスト飛行に成功した。

赤く塗られた機体は、まるで弾丸のように飛び抜けていったと言われる。それは、多分にその流麗なスタイルと派手な感じから、そう受けとれたのであろう。なにせ、最大時速はまだ二二〇キロであったのだから……。

「ベガ」一号機のエンジン（ライト「ホワールウィンド」J5空冷星型九気筒二二〇馬力）にはカウリング（整流覆い）がなく、S1の鼻先にシリンダーを植え付けたような印象を受ける。

しかし、主翼前縁中央部と胴体前上部との接点に設けられた密閉式風防付きのコクピット（操縦席）は、まことにスマートで小気味よかったし、流線型のもっとも太いところ、

大西洋を初めて単独横断飛行したC・リンドバーグ。後方はスピリット・オブ・セントルイス号(ライアンNYP 1)。

つまり、主翼下面の胴体両側に設けられた四個ずつの窓も初々しかった。

　この「ベガ」にほれこんだのが、新聞王（サンフランシスコ・エグザミナー紙）のゲオ・ハーストである。

　ちょうど、「大西洋横断のつぎは太平洋横断飛行だ」というムードが急速にわき上がっていた。

　その手始めとして、アメリカ西岸のオークランドからハワイのホノルルまで無着陸飛行するドール賞レースが発表された。

　このレースは、ハワイのパイナップル王である「ハワイアン・パイナップル」社長のジェームス・ドールがスポンサーで、「一着賞金二万五〇〇〇ドル、二着賞金一万ドルを与える。開催日は一九二七年八月十五日以降とする」というものだった。

　ハーストは、このレースに、ロッキード「ベガ」を買い取って参加させようとした。ハーストはテスト飛行後、ただちにロッキード社から「ベガ」一号機を買い取って、〝ゴールデ

ドール賞レース(アメリカ西岸からホノルル間)に参加したロッキード・ベガ１号機ゴールデン・イーグル号。新聞王ハーストの所有機である。

ン・イーグル〟号と命名し、サンフランシスコ出身のパイロット、ジャック・フロストに慣熟飛行をさせた。

「アラン君、横断飛行に成功したら、きみのところの飛行機で、どんどん冒険開拓飛行をさせようと思っているんだが……」

「結構なことですね、ハースト社長。私たちは『ベガ』をさらに改良して、性能をアップしたい飛行機にするつもりです」

「しかし君は、『ベガ』が絶対に優勝できると考えるか？」

「いや、もう少し慣熟の時間がほしかったですね。フロスト君もわずか一ヵ月では、完全に手のうちに入れることができるかどうか……」

不幸にして、アランの予想は的中してしまった。

八月十六日に実施されたドール賞レース（オークランド～ホノルル間、約三三五〇キロ）にエントリーしたのは一五人一五機で、そのうち実際に飛

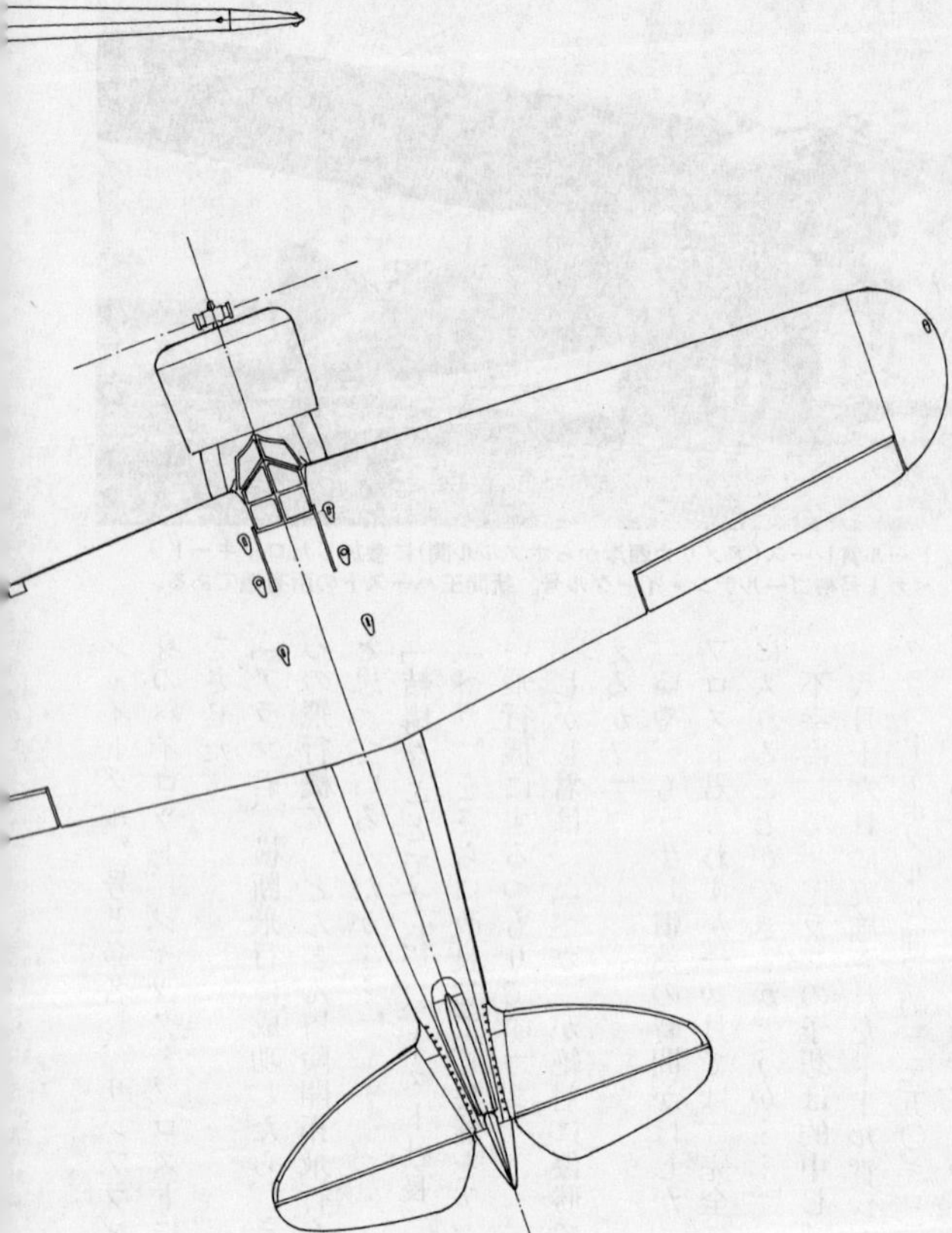

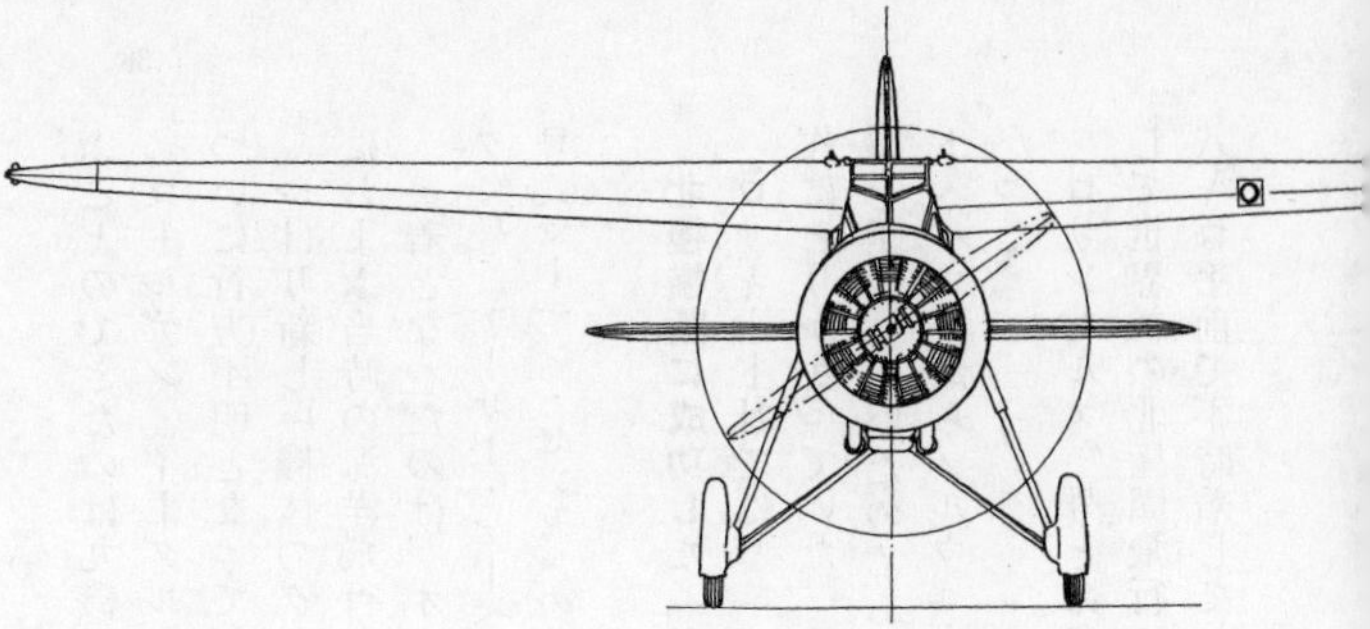

ベガ

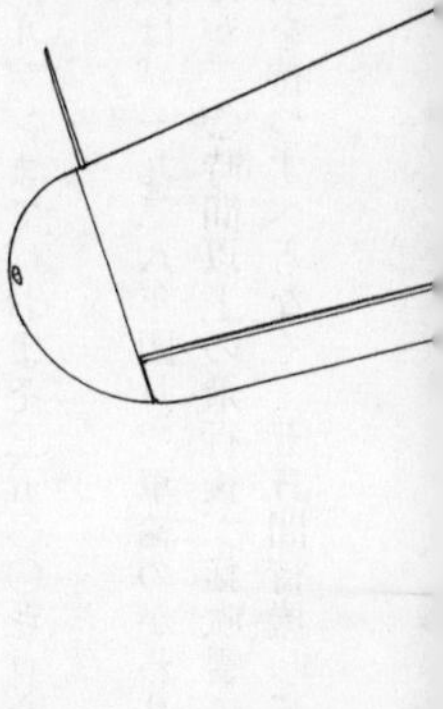

ぶことのできたのは九機だった。

〝ゴールデン・イーグル〟号に搭乗したフロストは、必勝を胸に秘めて四番目に離陸したが、ついに行方不明となってしまったのである。

やはり新しい機体のクセなり、長所なりを知り尽くしておかなければ、三〇〇〇キロ以上におよぶ当時の海洋飛行はむずかしかった。

一着となったのは、オクラホマ州の石油王フランク・フィリップの後援する〝ウーラロック〟号（アーサー・ゲーベルの乗るフェアチャイルド機）で、二着は地元ハワイの〝アロハ〟号（マーチン・ゼンセンの乗るライアン単葉機＝リンドバーグの大西洋横断機と同型）であった。

北極横断に成功した「ベガ」三号機

ロッキード社では、「ベガ」一号機をハーストに売ったとき、すでに二号機、三号機の製作にとりかかっていた。オーストラリアの極地探検家ヒューバート・ウィルキンスが、三号機を予約していたのである。パイロットのベン・イールソンとともに、アラスカのポイント・バローからノルウェーのスピッツベルゲンまで、およそ三五〇〇キロを飛ぼうというのだった。

〝ロサンゼルス〟号と命名された三号機は、一九二八年四月、車輪のかわりにスキーを装着して世界初の北極圏飛行にいどんだ。だが二〇時間以上の飛行後、猛吹雪にあって目的地の八キロ手前で不時着してしまった。救助を待つすべもなく、五日間待機して天候の回復する

南北両極地方の冒険飛行を行なったベガ3号機ロサンゼルス号。左がウィルキンス、右がイールソン。車輪のかわりにソリが装着されている。

のを待ち、再び雪上から舞い上がった。このとき、残りの燃料はわずか五〇リットルであったという。

〝ロサンゼルス〟号がスピッツベルゲンにたどりついたと同時に、ロッキード「ベガ」の名前は光り輝いた。

「猛吹雪に耐えた丈夫な機体だ」

「腕さえたしかなら不死身だ」

もっとも、ウィルキンス、イールソンの極地探検ペアが、ひきつづき南極の一六万平方キロにおよぶ探査飛行を行なって、「ベガ」に〝南北両極地方を初めて飛んだ航空機〟というタイトルを与えたことも、大きなポイントとなっている。

こうして、一九二八年における「ベガ」の販売数は六四機に達し、ロッキード社のドル箱となった。

飛行機が冒険開拓飛行に使われ、あらゆる種類の飛行記録がつくられていく中でも、ロッキード「ベガ」はつねにその主役をつとめることになる。

すなわち、「ベガ」は、当時の民間機の記録のほとんどを更新し、それをまた改良された「ベガ」が破っていくというぐあいに、〝レコード破り〟の異名にふさわしい存在となった。「記録をつくっても、そのあとを『ベガ』が追い風にのっかればそれで終わりだ」とは、「ベガ」以外の飛行機に乗って、苦心して記録をものにしたパイロットの嘆きである。

最初の「ベガ」から改良発展した「エア・エキスプレス」「5C」などまで、「ベガ」シリーズは総計約一四〇機生産されたが、これらが合計三四の世界記録を樹立した。

これによってロッキード社の業績は安定し、バーバンクの工場は非常な活気をみせた。しかしこの景気が、実は見せかけの好景気で、やはりこの当時の航空機産業は不安定なものだった、ということをすぐに悟らされる。

② 高速長距離機で名を挙げる

「ベガ」の改良にはげむ

ロッキード「ベガ」が、一九二〇年代の後半から一九三〇年代の前半にかけ、当時の同クラスの飛行機の性能から一歩抜きん出て、記録につぐ記録を生んだのは、原型の設計がすぐれていたうえに、性能を上げるためにより向上したエンジンを付けるなど、改良されていったからである。

最初のライトJ5空冷星型九気筒二二〇馬力エンジンは、リンドバーグの使用機ライアンNYPのエンジンと同系統で、信頼性に定評のあるものだったが、パワー不足はまぬがれなかった。

そこで一九二八年（昭和三年）十二月、ライト・エンジンと双璧をなしつつあったプラット・アンド・ホイットニー社の「ワスプ」エンジンを採用した。

これは四二〇馬力と強力になったと同時に、後期型ではNACAの深いカウリングでおお

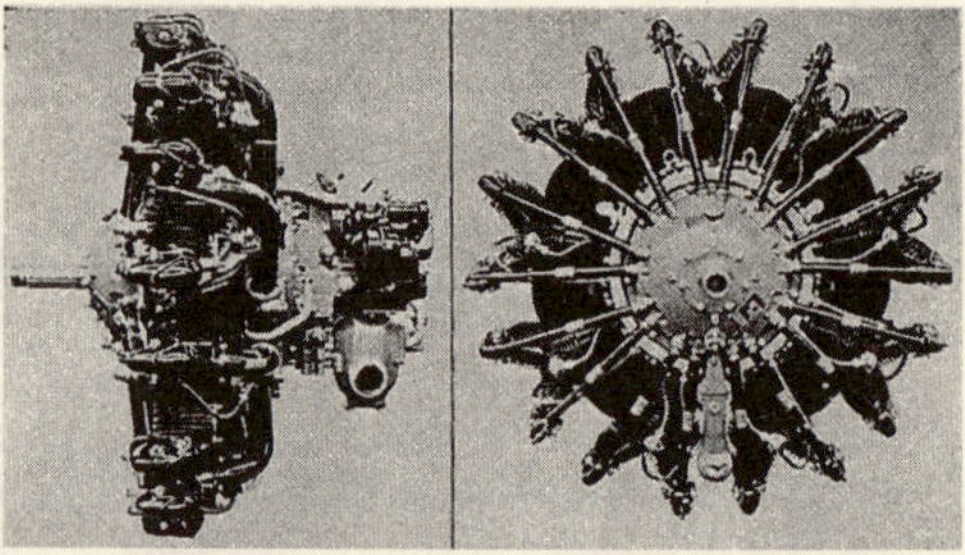

ベガに装備されたP&W ワスプ450馬力エンジン。

って抵抗を減らしたため、スピードアップに大きく寄与することになった。つまり、原型で生かされなかった隠れていた性能が、「ワスプ」エンジンによってぐんと表面に出てきた、ということができる。

これは「ベガ5」または「ワスプ・ベガ」と称され、同じ「ワスプ」でもA、B、Cのバリエーションがあり、C型では四五〇馬力になっている。

「ベガ」の主翼をパラソル型（主翼中央下面を直接胴体につけないで、短い支柱でやや持ち上げてすき間をつけたもの。一九三一年に日本陸軍で制式採用した中島の九一式戦闘機と同じ型式）とし、操縦席を主翼後縁の後方に開放式とした「エアエキスプレス」も何機か製造された。これはNACAカウリングを実用化させた世界最初の機体である。

このように「ベガ」はエンジンの換装による改良をつづけられたが、寸法はほとんど変わっていない。それでいてスピードが原型の時速二二〇キロから5Cの時速三一二キロに上がっているのは、いかに基礎設計がしっかりしていたかを物語っている。

「ベガ」と同じ時期に、コンソリデーテッド「フリートスター」という「ベガ」に似た飛行機があり、その改良型には「エアエキスプレス」と同じパラソル型もあった。そのためよく両者は比較対照される。しかしロッキード「ベガ」ほど形態とエンジンおよび性能がマッチせず、その後塵を拝するにとどまっている。

バーバンク工場で製作過程にあるベガのモノコック機体。

ロッキード社独特の全木製構造

ここで、「ベガ」「シリウス」に踏襲されてきた、ロッキード独特の全木製構造についてふれておこう。

このころの飛行機は、ほとんど骨組みだけで荷重を負担し、羽布あるいは金属を張った枠《わく》組み構造で、ごく少数がフレームと外皮で外力を受けとめるモノコック（張殻）構造だった。

最近はすべて、金属（ジュラルミン）の外皮を用いたモノコックあるいはセミモノコック構造であるが、ロッキードではすでに「ベガ」のときから（正確にいうとS1スポーツ機で試みていた）、木材によるセミモノコック構造を採用していたのである。

ベガ5C。エンジンが強力なP&Wワスプに換装されて、速力が100キロほど向上した機体である。高速に耐える基礎設計が確立されていた。

丈夫なうえに流麗なスタイルに仕上げられるこの構造は、奇才ノースロップの提案によるものであった。このモノコック構造を採用したため、ロッキードが、S1から「ベガ」「シリウス」そして「アルテア」「オライオン」にいたる高性能機を生み出すことができたといえる。

胴体は、樺《かば》の三枚合わせベニヤ板を曲面の型の中で左右半分ずつ成型し、やはり木製の縦通材とフレームにかぶせて接着する。さらにその上から羽布をおおうので、軽金属以外にこれほど軽量で丈夫な構造はない。

主翼および尾翼も同様に、スプールス材（唐檜《とうひ》）の桁《けた》と小骨に樺のベニヤ板を張り、羽布をかぶせた。構造と材質のためか、金属製機にはみられない重厚さとあたたかさが、にじみ出ている。

しかし、長期間の使用となると、木製ではどうしてもヒズミが出たり、いたみやすいということも事実で、製作に手間がかかり過ぎるということもあって、しだいに金属製に置きかえられていった。

それはともかく、丈夫なセミモノコック胴体と主翼の内

ブラニフ航路で用いられたベガ。同機は操縦員1名、乗客4名である。

部は、ゆったりとしたスペースがとれ、ここに大きな補助燃料タンクを配置できた。正規の航続距離は一五〇〇キロ内外であったが、タンクを増設すると四〇〇〇キロの米大陸横断も簡単にできたし、三七時間におよぶ無給油滞空記録も作れたのである。これを距離に直すと、七〇〇〇キロを優に飛んだことになる。無給油滞空記録のときなど、一六〇〇リットルの燃料を積んで全備重量が二六七〇キロにおよんだ。

一九三三年、イギリスのグレン・キッドストンに売られた「ベガ5C」は、パイロットのほか通信員が二人同乗して三六〇〇キロを平均時速二九〇キロで飛んでいる。これは当時としても、また現在のこのクラスの飛行機とくらべても、すばらしいものだった。

いずれにしても、「ベガ」の長距離性能とスピードは抜群によく、まことに調和のとれた飛行機ということができよう。

ただ不思議なことに、日本にはそのあとの「アルテア」と「エレクトラ」は輸入されているが、「ベガ」はついに一機もはいってこなかった。おそらく、ロッキード社と代理商社との話し合いが、うまくつかなかったのであろう。

次々と記録をぬりかえた「ベガ」

レコード破り「ベガ」の数々の記録のうち、おもなものをあげておこう。

一九二九年二月四日、スピード飛行を競って〝弾丸ホークス〟とあだ名されたフランク・ホークス大尉とO・E・グラブは、バーバンク～ニューヨーク間の米大陸横断無着陸飛行を「エアエキスプレス」で行ない、飛行時間一八時間二一分の新記録を樹立した。さらに、その帰路、同じコースを一九時間弱で飛び、このコースの往復コース・レコードを破っている。

一九二九年六月二十七日から二十九日にかけて、ホークス大尉は、またしても「エアエキスプレス」に乗って東海岸から西海岸へ、西海岸から東海岸への両方の大陸横断記録を更新した。

一九二九年五月、ロッキード社の主任パイロット、ハーバート・J・ファーイが、「ベガ」で三六時間五六分の無給油滞空新記録をつくった。(この二ヵ月あと、ドイツのボーデン湖では当時世界最大の飛行艇、ドルニエDoXがテスト飛行に成功している。また日本では、七月十五日から日本航空輸送株式会社が、フォッカー・スーパー・ユニバーサル六人乗り旅客機による東京～大阪～福岡間の定期旅客輸送を開始している)

さらに記録はつくられていった。

女流飛行家のルース・ニコルスは、「ベガ」で九五五〇メートルの女性による高度記録をつくった。

一九三一年、オクラホマの石油業者F・C・ハルは、自分のところの石油をPRする一つの方法として、折からしのぎを削っていた世界一周早回り飛行に割ってはいることにした。そのパイロットとして、彼は、自分の会社で働いていた石油採掘労務者からおかかえパイロットにとり立てた、片目のウィリー・ポストを起用しようと思った。

「おまえ、これから早回り飛行に加わって、世界をアッといわせてみる気はないか?」

「ボス、それは愉快だ。ぜひともやらせてください」

「おまえなら成功するさ。使用機は『ベガ』に限るな。これに、わしの娘の〝ウィニー・メイ〟と名づけたいんだが……」

「がってんだ、ボス。お嬢さんの名を世界にとどろかしてみせるぜ!」

こうして六月二十三日、片目のポストはハロルド・ゲッティ（前年ブロムリーとともに日本からシアトルへ太平洋横断を試み、失敗した航空士）とともに、「ベガ」〝ウィニー・メイ〟に乗ってニューヨークを出発した。コースは、大西洋を横断してヨーロッパ～シベリア～カムチャツカ～アラスカを経てニューヨークまで約二万六〇〇〇キロである。

彼らは七月一日、早くもニューヨークに帰ってきた。二万五八九〇キロをわずか八日と一五時間五一分でひとめぐりし、前記録の実飛行時間、三五一時間一一分をはるかに下回わる

主翼をパラソル型にして主翼後方に開放式操縦席を設けたベガ・エアエキスプレス。NACA カウリングの初の実用化も同機によって成功した。

総所要時間であった。

一九三三年になると、ウィリー・ポストは、こんどはたった一人でオートパイロット付きの「ベガ」〝ウィニー・メイ〟に乗り、自分の記録（つまり「ベガ」の記録）に挑戦した。

七月十五日、ニューヨークを離陸して大西洋を横断し、ベルリン～シベリア～北太平洋～ニューヨークと、二万四九五七キロを七日一八時間四九分で飛んだ。自己記録を約二一時間も短縮したのである。

このビッグ・レコードは、それから五年後、ハルの若きライバル、ハワード・ヒューズの手で半分に縮められてしまうが、ヒューズの使用機が、やはりロッキードの「スーパー・エレクトラ」であったとは、まことに記録づいているという感が深い。

一九三二年五月四日、女流飛行家アメリア・イヤハートは、ハーバーグレース（ニューファ

1932年5月4日、女性による初めての単独大西洋横断飛行を行なったアメリア・イヤハート。到達後に撮影された写真で、機体はベガである。

ンドランド島）からロンドンデリー（アイルランド）までを一五時間四八分で飛び、初の女性大西洋無着陸横断飛行士となった。

これは上海事変直後のことで、心ある日本の人びとは西欧女性のバイタリティに脱帽したものである。当時の日本の航空界では、太平洋横断飛行に手を焼き、なかばあきらめていた状態だった。

リンドバーグに見初められた「シリウス」

一九二九年（昭和四年）に始まった経済大恐慌は世界中に広がり、すべての産業に危機感を与え、その多くを打ちのめし、再編成へと追いやった。

アメリカの新興産業、自動車と航空機産業も、単独では立ちゆかない破目となり、数社を合同させようということになった。この結果、日の浅い航空機工業は、自動車工業を母体にして統一されたのである。

こうした中で、空のゼネラル・モーターズを目ざし、デトロイト航空機会社が生まれた。「ベガ」で名をなしたとはいいながら、ロッキード社もこの傘下にはいることとなり、ライアン、パークス飛行学校など一一の会社とともに買収された。

「もう私の役目も終わった」

とアラン・ロッキードは悲痛なことばを残して辞任した。

その後任として第一次大戦生き残りのパイロット、カール・B・スクワイヤー大尉が、ロッキード工場の総支配人となった（その後副社長になる）。

しかし、「ベガ」「エアエキスプレス」、それに後述する「シリウス」「オライオン」など、一連の高速機を製作したロッキード社は、他のデトロイト航空機系列会社がつぎつぎと操業停止する中にあって、いぜんとして仕事をつづけていた。傑作機を所望する顧客と実用的優秀機を求める航空輸送会社が、あとを絶たなかったからである。

それでも現実はきびしく、他の子会社がほとんどつぶれてしまったために、デトロイト航空機会社もろとも破産宣告をうけ、一九三一年十月、管財人の手に移されてしまった。

ところが、翌一九三二年、ロッキード「ベガ」と「オライオン」を使っていたバーニー・スピード・レーンズ社のロバート・E・グロス社長は、彼の傘下のグループ（ロイド・ステアマンを社長として）に呼びかけて、ロッキード社の資産を四万ドルで買いとった。これで空中分解しかかったロッキード社は立ち直ったのである。

完成まもない頃のロッキード・シリウス陸上機でテスト飛行を行なうリンドバーグ。彼は同機の開発当初から数多くの助言をあたえてくれた。

「ベガ」の後継ぎとして、名設計者ノースロップにかわってゲリー・バルティーが、高翼の「ベガ」を低翼単葉にした、やはり全木製の「シリウス」（天狼星）の設計にとりかかった。

このとき、全米訪問と中南米親善飛行を終えて、いくつかの航空会社の相談役をしていたチャールズ・リンドバーグは、ロッキード「シリウス」開発の話を耳にして目を輝かした。

「パン・アメリカン航空からカリブ海航空路開拓飛行や北太平洋航空路調査飛行をもちかけられているが、『シリウス』はこれにうってつけだと思う。私も技術的アドバイスをしたり、注文をつけるから、一号機はぜひともゆずってほしい」

と申し入れた。

もちろんロッキードとしても文句のありようもなく、

「大佐（リンドバーグ）に使っていただければ、こんな結構なことはありません。何なりと申しつけてください」

「ベガ」／「シリウス」
エンジン：ライト「ホワールウィンド」J 5空冷星型9気筒220馬力1基（プラット・アンド・ホイットニー「ワスプ」450馬力1基）　全幅12.50メートル（12.50メートル）　全長8.37メートル（8.43メートル）　主翼面積25.5平方メートル（25.9平方メートル）　自重750キロ（1230キロ）　全備重量1450キロ（2140キロ）　最大時速218キロ（312キロ）　巡航時速177キロ（292キロ）　着陸時速81キロ（96キロ）　実用上昇限度4850メートル（5490メートル）　航続距離890～1610キロ（880キロ）　乗員1名（1名）　乗客4名（4名）　＊データは初期型、カッコ内は後期5C型
エンジン：プラット・アンド・ホイットニー「ワスプ」空冷星型9気筒420馬力（のちにライト「サイクロン」空冷星型9気筒575馬力）1基　全幅13.07メートル　全長8.3メートル　主翼面積24.60平方メートル　自重1260キロ　全備重量2360キロ　最大時速282キロ　実用上昇限度7600メートル　航続距離1700キロ　乗員2名

と受けたので、「シリウス」はこまかいところまでリンドバーグの息のかかった飛行機になった。

一九二九年の五月に駐メキシコ米大使のドワイト・モローの娘アンと結婚したリンドバーグは、翌年四月二十日、領収した一号機「シリウス」に新妻を乗せ、グレンデール（カリフォルニア州）からニューヨークまで約四〇〇〇キロを実飛行時間一四時間四五分で飛び、大陸横断新記録をつくった。

空の英雄にここまで面倒をみられ、また実力をはじめから発揮できたという飛行機は、非常に珍しい。この点「シリウス」は、まことに幸運な機体だったということができるだろう。

来日したリンドバーグ夫妻

アメリカをはじめ、日本でも盛り上がっていた太平洋横断飛行を遠慮したリンドバーグは、パン・アメリカン航空からの要請で、北太平洋航空路調査飛行に新妻のアン夫人をともなって出かけることになった。使用機はも

1931年(昭和６年) ８月26日、結婚まもないリンドバーグ夫妻は太平洋を横断し、日本を訪問した。霞ヶ浦で揚陸される機体はシリウスである。

ちろん、ロッキード「シリウス」である。

一九三一年（昭和六年）七月二十七日、ワシントンを出発して、ニューヨーク～ニューヘブン～オタワ（カナダ）とまわり、車輪をフロートに付けかえて水上機とし、ポイント・バロー（アラスカ）～ノーム～ペトロパブロフスク～アベッチャ～計吐夷《けとい》（千島）～武魯頓《ぶろとん》～紗那《しゃな》～根室《ねむろ》（北海道）を経て、八月二十六日午後二時九分、霞ヶ浦に着水した。

日本では「われらのリンディ来たる！」と朝野をあげて大歓迎した。満州事変直前のどことなくピリピリした雰囲気が、どこかへ吹っ飛んでしまったような感じだった。それというのも、リンドバーグの人柄が誠実そのもので、だれからも愛される人間であったのと、夫唱婦随を絵にかいたように小柄なアン夫人が、航空士として「シリウス」に同乗してきたからである。

さらにまた、立川飛行場には〝ミス・ビードル〟号によるパングボーン、ハーンドン組と、〝クラシナマッジ〟号によるアレン、モイル組が待機していて太平洋横断熱をあおっていたことも、夫妻の人気を高めた一因だった。なお、パングボーン、ハーンドン組は、つい二ヵ月前にロッキード「ベガ」によるポスト、ゲッティ組に世界早回り飛行記録を先取りされ、それをあきらめて太平洋横断飛行に切り換えた連中である。

リンドバーグ夫妻は九月十三日まで東京に滞在していたが、歓迎や招待で目の回るような忙しい中を、北太平洋飛行で傷ついた愛機「シリウス」の修理に時間をさいている。その後、京都、大阪の秋を十八日までの五日間楽しみ、十九日、博多湾を離水して中国へ向けて飛び立った。

歴史は皮肉にも、その後の日米両国を引き裂くことになる。彼ら夫婦が滞在中の九月十八日、満州事変が起き、これをきっかけとして、くすぶり続けていた日米関係は、緊張と悪化の一途をたどっていった。

南京に着水した夫妻がそこで見たのは、揚子江の大洪水の後の目もあてられぬ惨状だった。北太平洋航空路調査の目的はほぼ終わっていたので、リンドバーグ夫妻はすぐに被害調査飛行をかって出た。

漢口まで飛行し、さらに奥地へ向かおうと離水しはじめたとき、流木に当たって機体は転覆した。やむなく、大破した機体を、災害救助でさかのぼってきた英空母「ハーミス」に積んでもらい、上海に送り、その後、貨物船でアメリカへ運んだ。

ロッキード社で修理された「シリウス」は、まだまだ使用に耐える丈夫さだった。これがのちに、リンドバーグの大西洋横断空路調査飛行に使われた〝ティングミサートク〟号である。

戦闘機を上回る性能

「シリウス」は合計一四機つくられ、このうち一機は試験的に金属製胴体とされた。また、C12、C17の名で軍用機として使われたものもある。

この「シリウス」をもとに、より進歩した「アルテア」(牽牛星)という高速通信機(郵便機)が一九三一年に製作されたが、主脚が引き込み式となり、最大時速は三五五キロと大幅に速くなった。

同じころ制式化された日本陸軍の九一式戦闘機(中島飛行機製で、主設計はフランス人のマリーとロバン、アシスタントがのちの技師長小山悌《やすし》)が、最大時速三〇〇キロで、列国の戦闘機もほぼ同程度であった。「アルテア」は戦闘機よりはるかに速い通信機だったわけである。

合計六機つくられた「アルテア」のうちの二機(8D、8E)が、日本の大阪毎日と東京日日(のちの毎日新聞社)にそれぞれ買い取られ、当時朝日新聞社の後塵を拝していた毎日航空陣に活を与えた。

とくに一九三二年(昭和七年)、大阪毎日社が輸入した8D型は、満州からの写真原稿空輸で朝日新聞社の低速な「プスモス」連絡機に勝ち、その高速性を実証したのは有名である

ロッキード・アルテア８Ｄ型(上)とアルテア８Ｅ型(下)。大阪毎日新聞社が８Ｄ、東京日日新聞が８Ｅをそれぞれ連絡機として使用していた。

(朝日の「プスモス」Ｊ－ＢＢＡＡは日本海で荒天にあい遭難し、酒井操縦士と片桐機関士は殉職した)。

また、一九三五年(昭和十年)四月、大蔵操縦士は８Ｄ型によって新京～東京間二〇〇〇キロを六時間一八分の新記録で翔破し、さらに同年十一月十日、東京～マニラ間四〇三二キロを一四時間五四分で飛ぶなど、「アルテア」は、のちに朝日が中島ＡＮ１や「神風」号を入れるまで、日本新聞航空界の超エース的存在だった。

極地探検飛行で有名なオーストラリアのキングスフォード・スミスも「アルテア」を購入し、

P・テイラー大佐とともに、オーストラリアのブリスベーンからオークランド（カリフォルニア）までの一万一八〇〇キロを五四時間四九分の実飛行時間で飛んだ。このときの平均時速二〇〇キロは、当時としては驚異的なものである。

なお、東京日日社が一九三六年（昭和十一年）に買ったもう一機の8Eは、「ワスプ」一五五〇馬力エンジンを付けて、最大時速三六八キロを出し、当時の複座偵察機や軽爆撃機を足もとにも寄せつけぬスピードだった。

苦難を乗り越え高速旅客機を開発

このような高性能ぶりをみたら、「アルテア」を複座戦闘機に、とはだれしも考えるところであろう。事実、軍用機部門では、「アルテア」を設計する前にXP24（会社名XP100）複座戦闘機として取り上げており、早くも一九三〇年に陸軍へ提出している。

基本型は、「アルテア」と同じ低翼単葉の引き込み脚で、エンジンに、当時アメリカ陸海軍機で流行のカーチス「コンカラー」液冷式（V型一二気筒）を備えた精悍《せいかん》なスタイルをしている。最大速度も時速約三五〇キロを出し、実用上昇限度八〇五〇メートルと、列強の複座戦闘機より一段上だった。

「これはいけるぞ。対戦闘機用より対爆撃機用にもってこいだ。さっそく、第一次として五機発注しよう」

と、陸軍航空の審査担当官は乗り気であった。

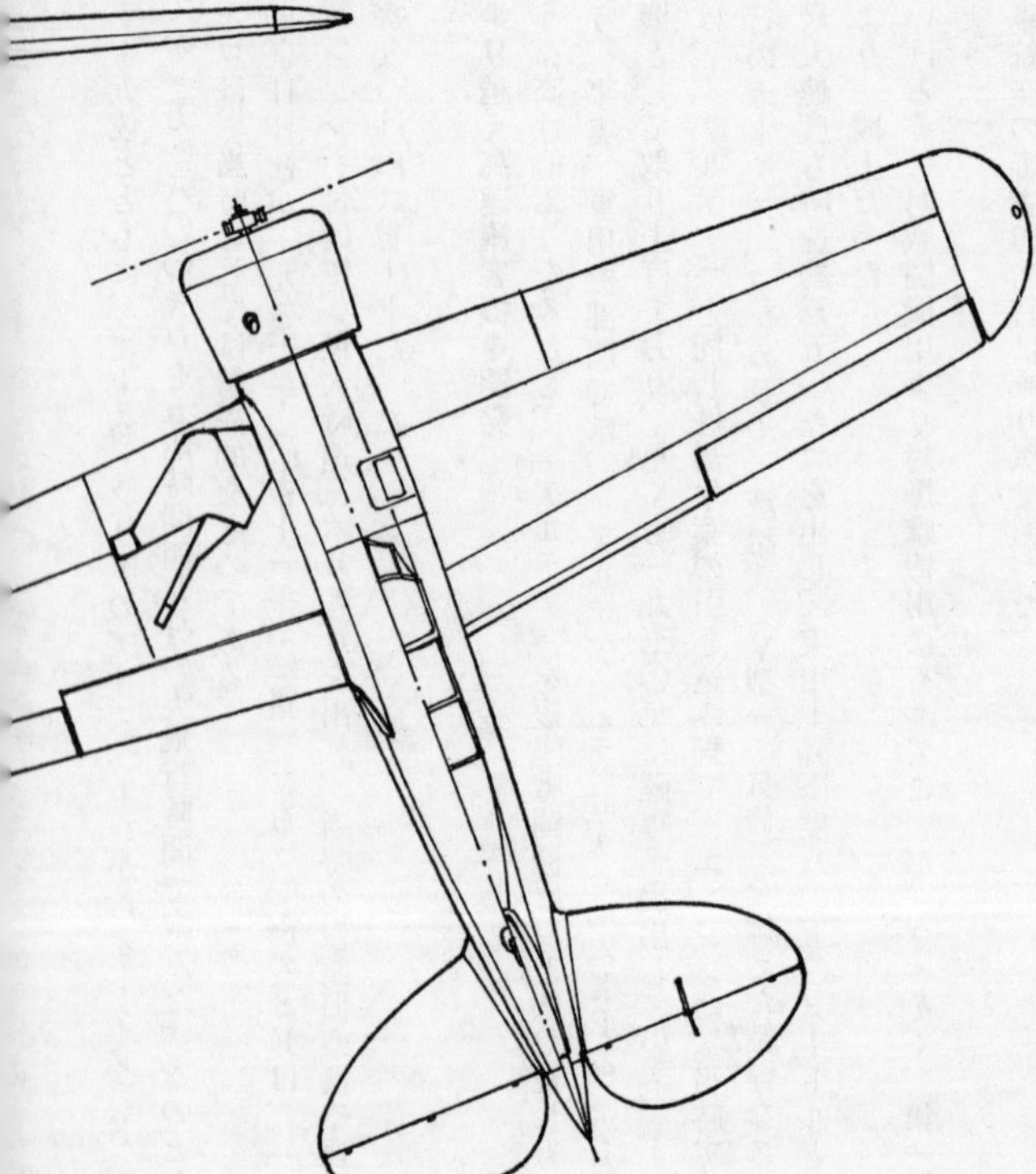

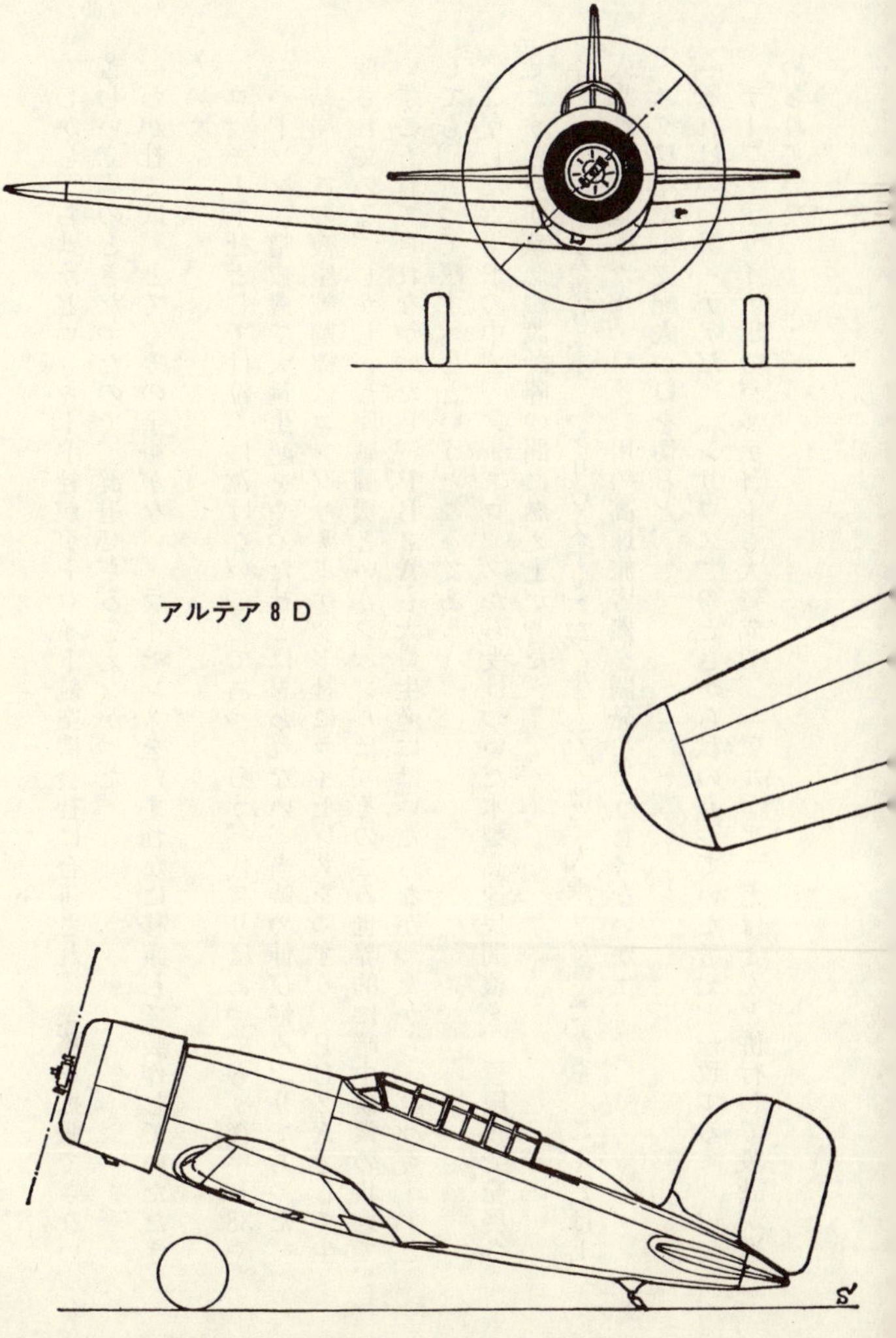

アルテア 8 D

しかし、ちょうどロッキード社がデトロイト航空機会社に合併され、業務を拡張できない苦しい立場のときだったので、辞退せざるをえなかった。

「わが社では、とてもその余裕がない。ライセンスをいずれかに移譲して製作していただきたい」

ロッキード社としては泣くに泣けないことであったろう。代替りはあっても、後年P38や「ハドソン」哨戒機で大量生産をやった社とは思われない、当時の伸び悩みぶりであった。

結局、この複座戦闘機はコンソリデーテッド社にライセンスをゆずり、PB2Aとして生産されている。しかし、複座戦闘機というジャンルは、そのころ世界的に暗中模索の状態で、いずこも育てきれなかったし、PB2Aも大量生産にはいたらなかったから、ロッキードとしても、もって瞑すべしというところであろう。

こうしたムードの中で、ノースロップから受けついだ木製高速民間機を、極限まで発展させようという執念が設計陣の間に燃え上がった。

「『ベガ』は五人乗りで、『シリウス』と『アルテア』は二人乗りだったから、こんどは七人乗れる、ローカル・ライン用の高速旅客機を開発しようじゃないか」

スクワイヤー支配人が口を切ると、

「それはいいアイデアだ。『シリウス』のときから私のもっていた考えと一致する」

チーフ・デザイナーのバルティーも大賛成で、「アルテア」とほとんど併行して設計が進められていた。

ロッキード・オライオン輸送機。乗客6人をのせる高速旅客機として海外でも活躍したが、すでに双発の高速金属機の時代を迎えつつあった。

「どうせつくるなら、うんと進歩したものにしないか」

「引き込み脚も、『アルテア』のは手動だから、思い切って油圧式を採用しよう。旅客機としては世界最初の油圧式引き込み脚機になるぞ」

「またこれによって、すばらしいスピードが出せる」

設計陣はもう大張り切りで、新型高速旅客機の完成に一丸となって突き進んだ。

「アルテア」につづいてできあがったこの機体は、一連のスター・シリーズから「オライオン」（狩人《かりうど》星）と名づけられた。このスマートで精悍な「オライオン」は、実際に時速三六三キロの最大速度を出し、複座の「アルテア」と同じスピードになった。

パイロットのほか六人を乗せるこの高速旅客機にアメリカン、ノースウェスト、TWA、コンチネンタル、パン・アメリカンという大手から、ローカル線用にとの注文が舞い込んだ。ほかにスイス航空やメキシコのエアラインといった外国からも注文がきた。プラット・アンド・ホイットニー「ワスプ」の四五〇馬力エンジンを付けた初期型、および同じく五五〇馬力エンジンを付けた後期型が計四十数機生産され、一九三〇年代の小型高速旅客機の代名詞となっている。現在、日本の対潜哨戒機であるP3C「オライオン」は、この先代「オライオン」の名をひきついだのである。

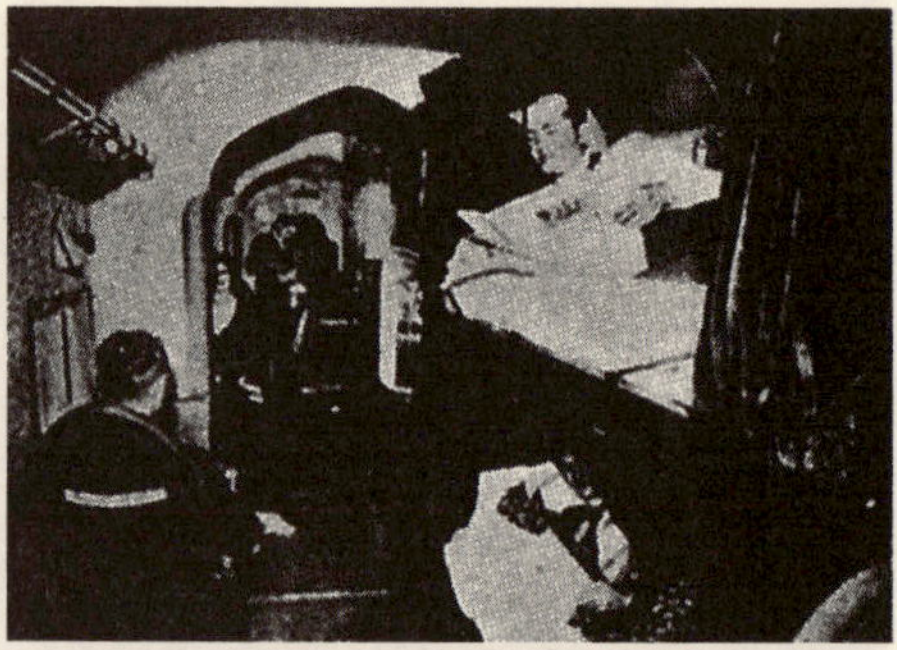

カーチス・コンドル機の客室。夜間飛行時には乗客定員をへらして(昼間15名、夜間12名)寝台付となった。

終焉を告げたスター・シリーズ

ロッキードの専売特許ともいうべき、木製単発高速民間機〝スター・シリーズ〟も、ついに終わりを告げるときがきた。

双発のカーチス「コンドル」機は、初めての防音装置と乗客用寝台を備え、フォッカーでは大型の三二人乗り輸送機を開発した。

さらにシコルスキーとマーチンでは、巨大な大洋横断用飛行艇を製作し、ボーイングも二四人乗り三発旅客機をつくったうえ、つづいて247型双発高速旅客機に手をつけた。ダグラスも遅れじと計器飛行装備をもち、快適、信頼性をモットーとしたDC1を送り出そうとしている。

より大きく、より信頼のおける飛行機が市場に出回って、アメリカの航空会社の営業飛行距離は、一九三三年には一九三〇年の二倍になった。

バーバンク飛行場でじっと離着陸をながめていたロバート・グロス会長の目に、フォード「トライモーター」全金属製三発旅客機がもっそりと着陸している光景が映った。同じところでは自社の単発「オライオン」が精悍なスタイルながら、しかしいかにも小粒という感じで、のんびりと客待ちをしている。そこへ双発ボーイング247の近代的センスにあふれた誇らしげな離陸。

「そうか、もう木製の単発ではだめだ。お客は双発型の高速旅客機を求めている。もう『オライオン』は時代おくれなんだ」

グロスは受話器をとると、新しく技師長となったホール・L・ヒバードを呼び出して、こう叫んだ。

「とにかく大急ぎで、全金属製の双発高速旅客機を設計するんだ。つぎの手はこれだ！」

③ DC2を抜いた「エレクトラ」

双発高速の「エレクトラ」を開発

ロッキード社のグロス会長の頭の中には、ボーイング247をもっとスマートに、よりスピードアップした双発旅客機のプロフィルが画かれていた。

一九三三年(昭和八年)春のことであった。

彼はまもなく、自分の持っていたプランに近い他社の旅客機が開発されたのを見た。ユナイテッド航空の247に対抗して、トランス・コンチネンタル・ウェスタン航空が、ダグラス社に開発させたDC2の登場である(一九三三年七月一日初飛行)。

「うわさに聞いた1り、これはいい飛行機だ。よく調和がとれているな」

「しかし会長、このデザインは決して新しいものとは思えないですね。もっと洗練されたものにしないと……」

「私もその意見に賛成だ。少し小型でも双発のスピード機を売りものにしたいな、ホール

双発金属製の高速旅客機時代を築いたダグラスDC2（上）、ボーイング247（下）。ロッキード社に多大な影響を与えた。

君」

「実はここに新しいデッサンを持っているんです。ちょっと見てください」

主任技師ホール・ヒバードがグロス会長に渡した設計図は、双発低翼単葉のきわめて流麗なスタイルをもった図面であった。

「うむ、なかなかいいぞ。これで進めたまえ。風洞テストなどはしっかり頼むぞ」

「ミシガン大学のジョンソン君にやってもらいます。彼は前途有望な青年ですよ」

「わが社の浮沈がかかっている。頼むよ」

「任せてください、会長」

このときの図面では、垂直尾翼は尾部中央の一枚であったが、風洞テストを担当したフランス・L・ジョンソンは、

「抵抗を減らすために、やや小さめになったこの一枚垂直尾翼では、両エンジンが正常に動いていればいいが、どちらかが止まった場合、方向安定が非常に悪くなる。だから双発プロペラの後流に、それぞれ小さな垂直尾翼を置いた、双垂直尾翼にしたほうがいい」

1934年7月26日に撮影されたロッキード社の若き経営陣——左からカール・スクワイヤー副社長、ルロイド・ステアマン社長、ロバート・グロス会長、シリル・チャペレット秘書、ホール・ヒバード主任設計技師。

とヒバードへ熱心に手紙を書き送った。

はじめ双尾翼にあまり乗り気でなかったヒバードも、しっかりした計算の上に立った彼の提案に心服するようになった。

このジョンソンがのちに、ロッキード社に入社、超音速戦闘機F104や〝黒いジェット機〟といわれて騒がれたU2、現在の世界最高速度記録をもつ戦略偵察機SR71の設計を担当したのである。

「エレクトラ」と名付けられたこの機体の開発は、ロッキード社初の全金属機というばかりでなく、財政的に非常に苦しいときだっただけに、かなり難航したといわれる。

一九三四年二月二十三日、つまりボーイング247が進空してからちょうど一年後に、「エレクトラ」はバーバンク飛行場で初飛行した。

これまでのどの双発旅客機よりも新鮮で好感が持てた。とくに双垂直尾翼は流麗で、のちのロッキード旅客機の伝統となっている。

評価されるロ社の卓見

テスト・パイロットのマーシャル・ヘッドルは、テスト飛行後、

「クセはないし、操縦感覚は非常にいい」

と報告してきた。

驚いたことに、最大時速は三五〇キロをオーバーし、計算値よりはるかに高かった。

力学的にいかにすぐれていたかが、よくわかるであろう。

このような高性能（ボーイング247が二九二キロ、ダグラスDC2が三三八キロ）が、はじめから軍用

エレクトラ10

「エレクトラ」
エンジン：プラット・アンド・ホイットニー「ワスプ・ジュニア」400馬力２基(10A)、ライト「ホワールウィンド」420馬力２基(10B)、プラット・アンド・ホイットニー「ワスプ」450馬力２基(10E)　全幅16.76メートル　全長11.76メートル　主翼面積42.50平方メートル　自重2870キロ(10A)、3220キロ(10E)　全備重量4580キロ(10A)、4790キロ(10E)　最大時速340キロ(10A)、360キロ(10E)、実用上昇限度6440メートル(10A)、8510メートル(10E)　航続距離1110キロ(10A)、1340キロ(10E)

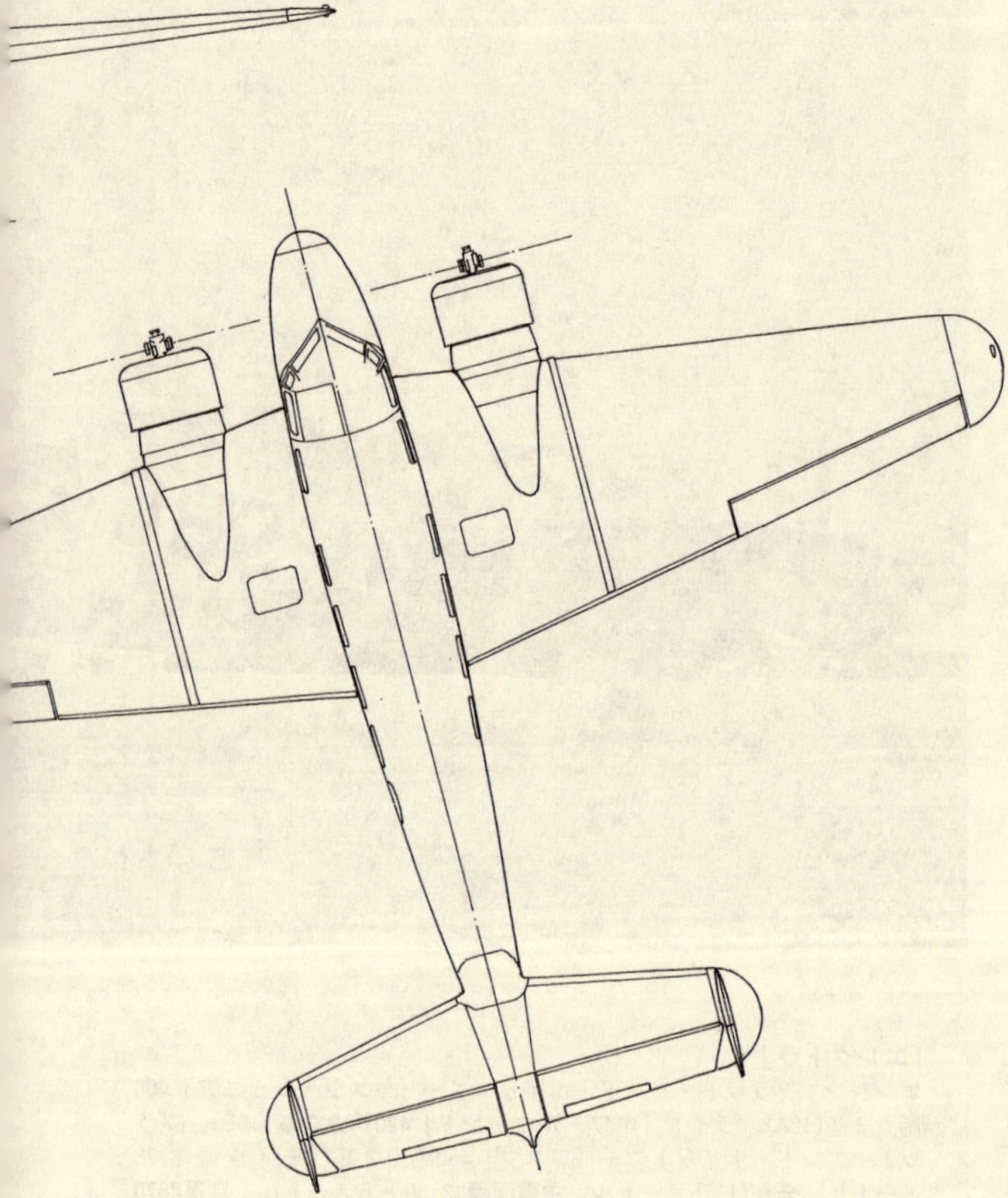

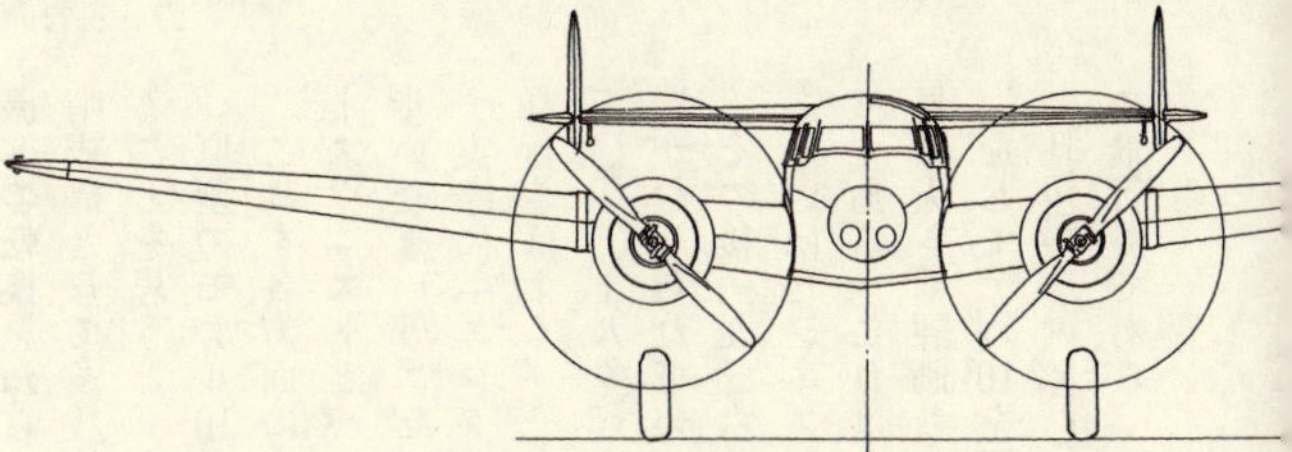

エレクトラ

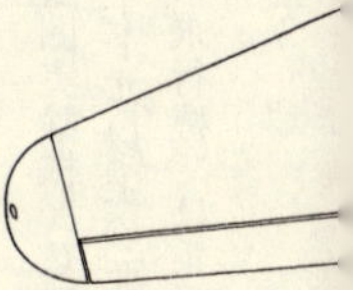

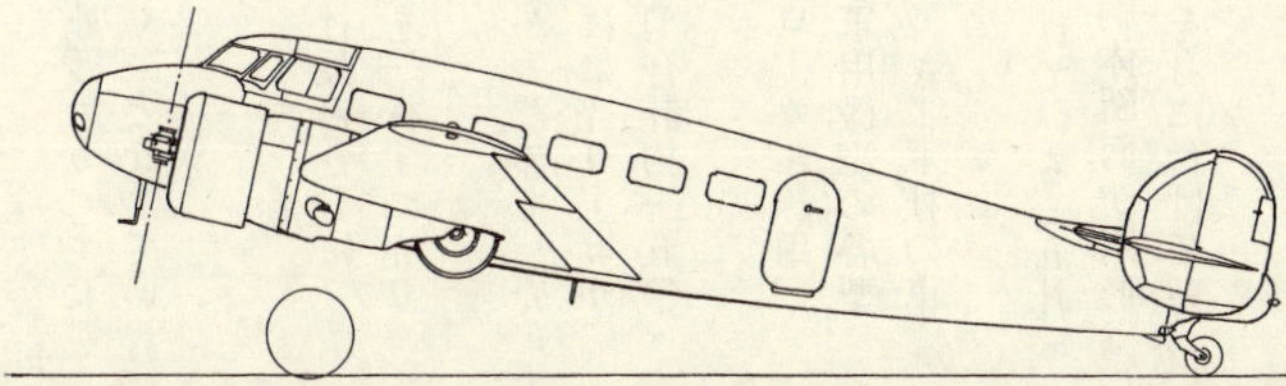

機への転換をねらってなされていたかどうかはわからない。ただ、「エレクトラ」がのちに哨戒機として多数使用されたことと、その流れが今日でも対潜哨戒機（P2V）となっていることを思うと、まことに先見の明ありというほかはない。

原型のモデル10を改良して、つぎの10Aから量産にはいった。

これを各方面に売るため、グロス会長みずからがカール・スクワイヤー副社長とともにノースウェストとパン・アメリカンのほか各航空会社を精力的に回り、自社株を一株ずつ売り歩いたというエピソードがある。

実際に「エレクトラ」は、他の双発あるいは三発旅客機よりもコストが低かったので、売れ行きはよく、一九三四年中に一〇機五〇万ドルを売り上げた。さらに翌年には売り上げが二〇〇万ドルを超えて、10B、10Eのエンジン換装型を生むことができ、各型合計約一五〇機がつくられている。

その後一九三六年（昭和十一年）、「エレクトラ」をひとまわり小さくしたローカル線用、あるいはビジネス用の八人乗りのモデル12をつくった。12A、12B、多用途軍用機212の各型機である。これは今日の高級ビジネスプレーンの先駆をなすものであり、ロッキード社の卓見は大きく評価されていい。

なおモデル10を原型として、亜成層圏実験機XC35が一九三七年につくられている（五月七日初飛行）。XC35は、八〇〇〇メートル以上の亜成層圏の研究のため、胴体断面が円形の飛行機である。つまり、これまでの飛行機では乗員は酸素マスクや気密服を身に付けてい

現代の高級ビジネスプレーンの原型ともいえる8人乗り機モデル12(上)。
エレクトラ10をもとに、亜成層圏を飛ぶ気密構造機となったXC35(下)。

た。それをキャビン(室)全体を気密室として、その中で自由に活動できるようにした本格的気密構造機である。ほぼ同時代のボーイング307やカーチスCW20とともに、記念すべき機体であった。

日本ではまだ手もつけられぬ高々度用気密構造を、アメリカでは早くも実用化しようとしていたのだ。この点でも、日米航空技術の差は実に大きく開いていたのである。

なお、XC35の予備実験としてロッキード社では、世界早回りで有名なウィリー・ポストに頼み、〝ウィニー・メイ〟のエンジンに与圧過給器を付けて、与圧服とアルミニウム製の与圧帽で七〇〇〇メートルの高度を何度も飛行させた。このデータをもとにしてXC35は大きく推進された。

アメリカではこの業績をながく記念して、スミソニアン博物館に、ポストの気密服姿の等身大の人形を〝ウィニー・メイ〟号のわきに置いて展示している。

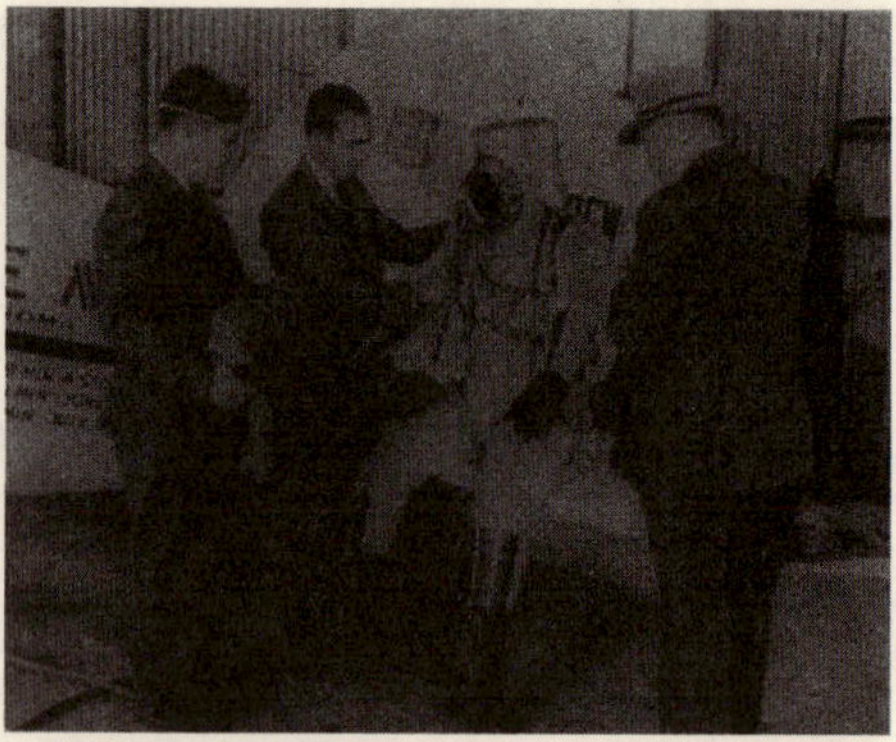

世界周回で有名なウィリー・ポストが行なった気密服実験。高々度飛行にはウィニー・メイ号を使用した。

女流飛行家・イヤハートの遭難

この「エレクトラ」の成功は、ロッキード社を航空界の中企業から大企業へ押し上げるきっかけをつくった。そしてさらに、「ベガ」で名をあげ、つづいて「エレクトラ」によってもその名を高めた。

〝アメリカの恋人〟とも言われた女流飛行家アメリア・イヤハートは、一九三七年(昭和十二年)三月十七日、当時の日本では朝日新聞社の欧亜連絡機「神風」号の出発を半月後にひかえ、飛行機ムードが盛り上がっていたが、その日、イヤハートはベテラン航空士のフレッド・ヌーナンと曲乗り飛行家のポール・マンツ（のち映画のスタント・パイロット）とともに、「エレクトラ」でオークランドからハワイへ向けて、西回りの世界一周飛行に飛び立った。

ところが、ハワイからハウランド島に向かおうとして離陸に失敗、機体を破損した。このためロッキード社の工場に機体を船で運び、彼女は修理の終わるまで再起のプランを練った。そして、こんどは、みずから〝最後の長距離飛行〟と称した赤道沿いの東回り世界一周飛行を行なうと発表した。

五月二十一日、ヌーナン航空士とともにカリフォルニアのオークランドを飛び立ち、六月一日午前五時五十六分、マイアミ（アリゾナ州）から正式に出発した。以下、サンファン（プエルトリコ）、カリビート（ベネズエラ）、ナタル（ブラジル）、ここから大西洋を横断して、セントルイス（セネガル）、ダカール、フォールラミー（チャド）、アルファッシャー（スーダン）、アサブ（エルトリア）、カラチ、カルカッタ（インド）、アキャブ、ラングーン（ビルマ）、バンコク（タイ）、シンガポール（マレー）、バンドン（ジャワ）、クーパン（チモール島）、ポートダーウィン（オーストラリア）を経て、六月三十日、ニューギニアのラエに到着した。

これまでの飛行距離は、実に三万五〇〇〇キロに達していた。あと余すところ一万一〇〇〇余キロである。

しかし、つぎのホーランド島までは約四〇九〇キロあって、全コース中、もっともむずかしい洋上飛行であった。

世界の関心は、七月二日午前十時三十分、ラエを飛び立ったイヤハート、ヌーナンの「エレクトラ」に集まった。

「エレクトラ」には、当時として最新のベンディックス製ADF（航法装置）を備えており、ヌーナン航空士は天測、無線航法のベテランだった。そのうえ、アメリカの沿岸警備艇もホーランド島に派遣されていた。万全の態勢がとられており、成功はまず疑いないとみられていた。

ラエからホーランド島までは、約二〇時間もかかるから、到着は翌三日の午前八時ごろになるはずである。警備艇は夜間の定時無線連絡を保って、彼女の到着を待った。

午前六時ごろまでは、雑音がはいるが順調な無線連絡を保っていた。七時三十分になると突然、

「わたしたちは『イタスカ』（警備艇）の上空にいるはずなのに、何も発見することができない。ここはいったいどこなのか……。燃料は残り少ない。飛行高度は三〇〇メートルです」

と伝えてきたのだ。

その後、

「まだ発見できず」

という応答と、

「信号の調整不能」

という悲痛な通信のあと、さっぱり応答がなくなった。

ようやく八時四十五分、

「わたしたちは一五七—三三七ライン（六分儀による）にいます。いま南北方向を飛行中」

という無電があった。

しかし、それ以後はまったく途絶えてしまったのである。

愛機エレクトラにのって記念写真に収まるアメリア・イヤハート。1937年7月、世界一周飛行の途上、南太平洋で行方不明となり、今も謎とされている。

彼女のために、二週間にわたる大捜索網が張られた。だが、アメリカ国民、いや全世界の祈りもむなしく、ついに何ものも発見できなかった。

女性ながらアメリカの躍進期の航空界のために気を吐いてきたイヤハートにたいし、米国民はひとしく愛着をもっていた。このため、

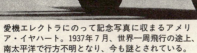

スーパー・エレクトラ14H2

「彼女はどこかに生きているにちがいない」

というものや、

「方位を誤った『エレクトラ』が、当時、日本委任統治領であったサイパン島に迷いこみ、日本軍に捕らえられて処刑された」

などの風説が長いこと乱れ飛んだ。

しかし、イヤハートの「エレクトラ」は、ホーランド島の北方洋上に墜落したというの

「スーパーエレクトラ」
エンジン：ライト「サイクロン」C3B 空冷星型 9 気筒840馬力 2 基　全幅19.97メートル　全長13.47メートル　主翼面積51.20平方メートル　全備重量7950キロ　最大時速420キロ　実用上昇限度7200メートル　航続距離1250～3300キロ　乗員 2 名　乗客11名

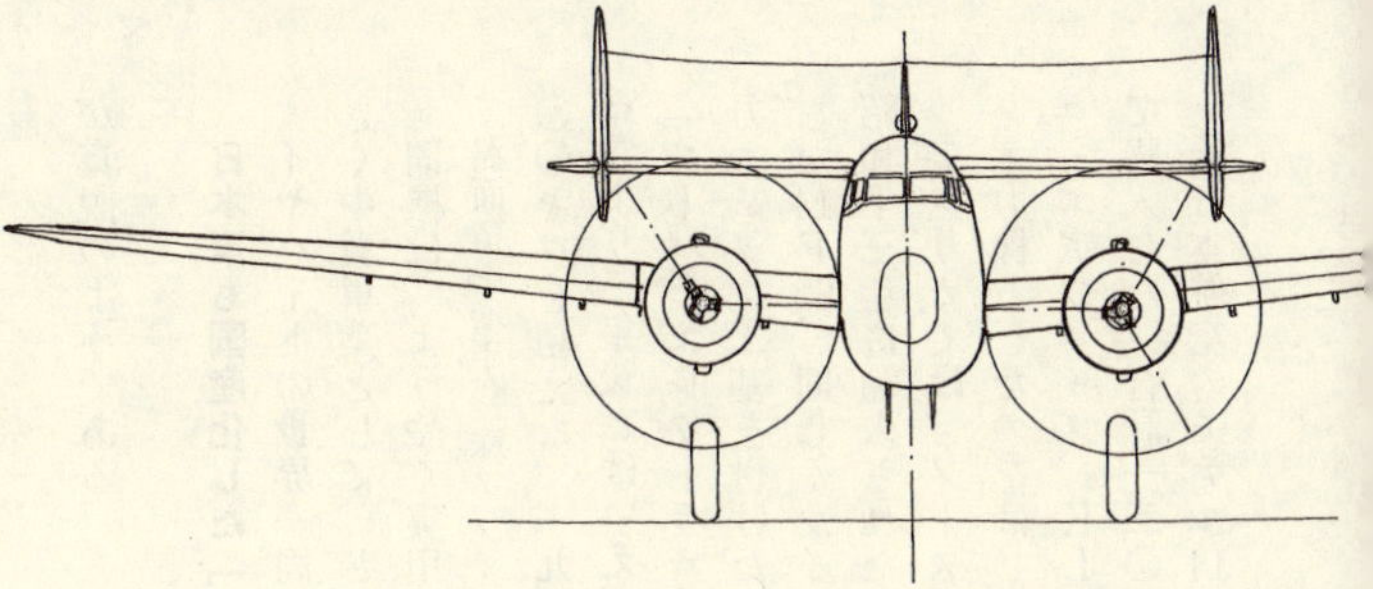

スーパー・エレクトラ

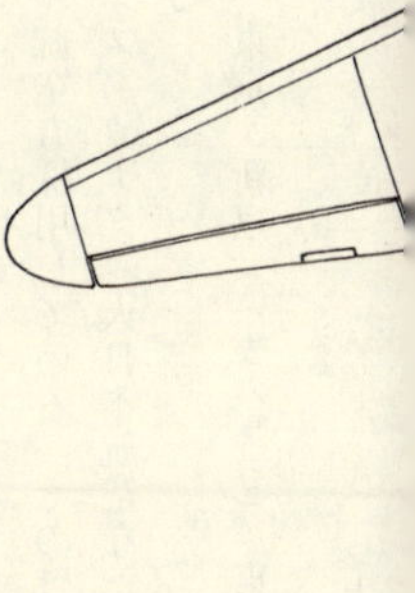

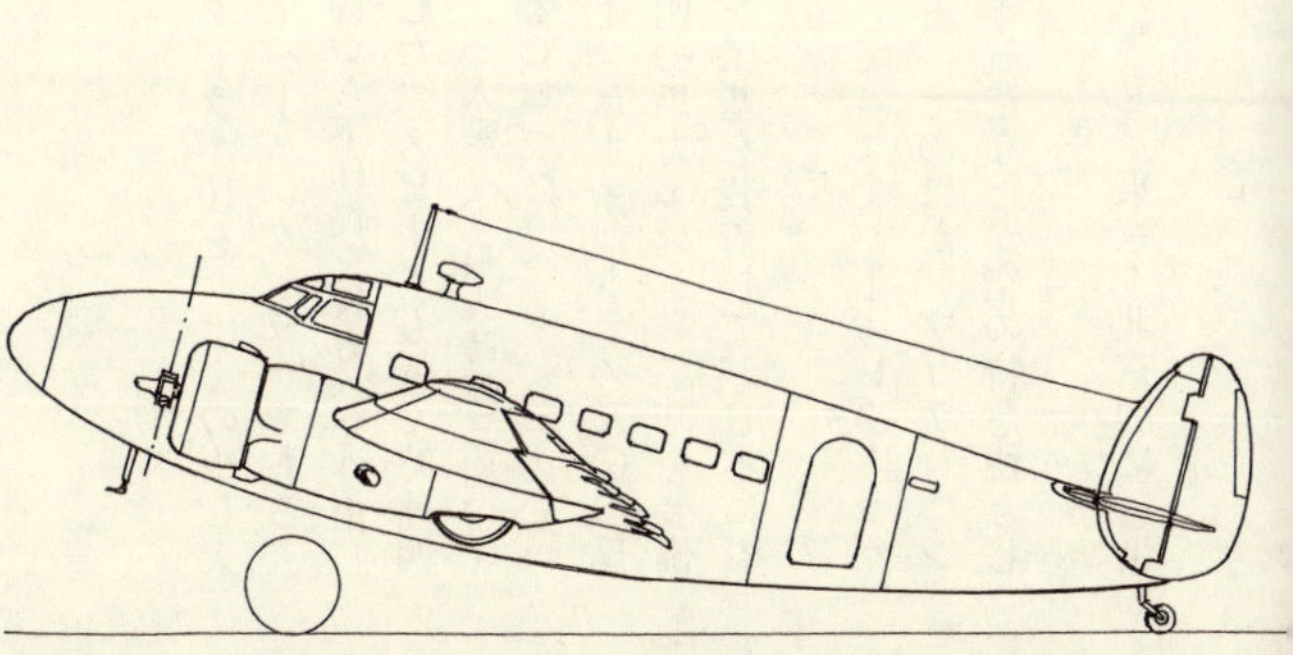

が真説のようである。

日本軍も国産化した「スーパーエレクトラ」

イヤハートの世界一周旅行に使用されて評判をあげた「エレクトラ」10を、ほんの少し大きく中翼単葉として、さらに性能をあげたのが、モデル14「スーパーエレクトラ」である。同機は、ようやく実用化したファウラー・フラップ（主翼後縁から下げ翼を後方へせり出して翼面積を増す特殊フラップ）を付け、離着陸性能をぐっとよくした。スピードも軽く時速四〇〇キロを超えた。一九三五年に初飛行したダグラスDC3（二一人乗り、最大時速三四〇キロ）より二年後とはいえ、八〇キロの速度差は何といっても強味であった。

「スーパーエレクトラ」には、プラット・アンド・ホイットニー「ホーネット」の八〇〇馬力エンジン二基を付けた14H2と、ライト「サイクロン」の八四〇馬力エンジン二基を装備した14F62、同じくライト「サイクロン」の八四〇馬力エンジン二基を装着して、日本にも昭和十三年に輸入された14WG3の三種類がある。

アメリカでは、ノースウェスト航空が「エレクトラ」につづいて「スーパーエレクトラ」を主力機としたのをはじめ、コンチネンタル航空も採用している。そのほか、ブリティッシュ・エアウェイズ、KLM、サベナ、トランス・カナダ、大日本航空などが空の特急便として購入した。合計一一二〇機がつくられている。

大日本航空のモデル14WG3の一〇機は、東京～新京（いまの長春）、東京～北京間に〝世

日本陸軍がスーパー・エレクトラを国内で模造生産させたロ式輸送機。

界最高速の旅客機〃として重宝がられた。ただ、この14型には離陸のとき翼端ストール（失速）を起こしやすいという欠陥があった。

昭和十四年五月十七日、福岡の雁ノ《がんの》巣《す》飛行場を離陸した〝球《く》磨《ま》〃号は、やや上昇角を強くとったため、たちまち失速して墜落、六人が死亡した。

この事故を重視したロッキード社では、自発的に技師を日本へ送って翼端固定スロットを設け、以後のトラブルを絶った。しかし、「ロッキードはスピードは出るがこわい」という印象を与えたことは、いささか不運といわざるをえない。

それでも、国産の単発戦闘機はともかく、双発以上の低性能機に業を煮やしていた日本陸軍は、この「スーパーエレクトラ」にほれ込んだ。そして立川飛行機と川崎航空機に命じ、合計一〇〇機をコピー生産させてロ式輸送機と呼んだ。ハ36九〇〇馬力エンジンを付け、性能は少しよくなっている。

さらに川崎へは、ハ25九九〇馬力エンジンを備え、胴体を一・五メートル伸ばして収容力を増した一式貨物輸送機（キ56）を量産させた。これは兵員・貨物輸送および落下傘部隊用に使われ、一一九機が生産された。パレンバンの落下傘部隊降下作戦に参加し、大活躍したが、英米の「ハドソン」と同じなのでよく見まちがえられ、対空監視員を悩ませたという。

第二次大戦で、敵味方とも同型機を使ったという例は、このロッキード「スーパーエレクトラ」改造とダグラスDC3改造しかなく、日本では前者を陸軍が、後者を海軍が（零式輸送機として）仲良く（?）使い分けていたのはおもしろい。

〝ヒコーキ野郎〟の華麗な冒険

「エレクトラ」10がイヤハート女史で名をあげたように、「スーパーエレクトラ」14は〝記録破りの空飛ぶ長者〟ハワード・ヒューズによって、さらにイメージアップされた。

映画製作と飛行記録づくりに熱中していたヒューズは、一九三五年九月、新型競速機H1〝ヒューズ・スペシャル〟に乗って、時速五六七・一一五キロの速度記録を達成後、同じ機体でロサンゼルス～ニューヨーク間四〇〇〇キロの大陸横断をわずか七時間二八分二五秒で達成した（一九三七年一月）。

あくない記録達成意欲に燃えていた彼は、ポストが単独で〝ウィニー・メイ〟に乗り、七日と一八時間四九分（全行程二万四九五七キロ）で達成した世界早回り記録（一九三三年）に挑戦しようと思い立ったのである。

折から「スーパーエレクトラ」ができて、

「こいつなら絶対に記録をつくれるぞ。四日以内で完成してみせる」

と奮いたった。

お金もあれば、腕に自信もある。そして彼の好みピッタリの「スーパーエレクトラ」だ。

三拍子そろうというのはこのことだろう。ちょうどニューヨークで世界博覧会が開かれるのにちなんで、機名も〝ニューヨーク世界博号と景気よく付けた。

1938年7月、世界早回り記録を達成したハワード・ヒューズの愛機スーパー・エレクトラ(ニューヨーク世界博号)。

一九三八年（昭和十三年）七月十日、同機はヒューズほか四人を乗せてニューヨークを出発、大西洋を横断してパリへ向かった。そして、パリからオムスク、ヤクーツク、フェアバンクス、ミネアポリスと回り、ニューヨークに十四日に戻ってきたのである。

全行程二万三八〇〇キロを四日どころか、超快記録の三日と一九時間八分一〇秒で飛んだ。これによって彼は、一九三九年に飛行界最高の栄誉、コリア・トロフィーを受けた。

ヒューズとロッキードとの関係はこのときから親密となり、のちに有名な「コンステレーション」旅客機を生み出す糸口をつくった。

しかしこれとても、ロッキードのその後の堅実経営につながらなかったことは皮肉である。
なお、隠遁生活を送っていたヒューズは一九七六年四月五日、〃ヒコーキ野郎〃らしく、アカプルコからヒューストンの病院に運ばれる機上で息をひきとった。

当時、ナチ・ドイツが軍備を拡張しはじめ、その航空兵力に大きな脅威を抱いていたイギリスも、この「スーパーエレクトラ」の爆撃機改造案に興味を示していた。一九三八年六月に二五〇機（二五〇〇万ドル）購入にふみ切った。これが有名な「ハドソン」哨戒爆撃機である。二型以後のエンジンは、ライト「サイクロン」一一〇〇馬力二基に強化された。なお、「スーパーエレクトラ」の軍用型は、1型から5型までと米陸軍用のA29がある。

ハドソン1（機体は英軍機）

「ハドソン」は一九三九年九月からの第二次大戦で大活躍し、イギリスはさらに六五〇〇万ドルにのぼる発注を行なっている。イギリスのほかには、カナダ、オーストラリア、オラ

ンダなどの各国で使用され、一時は哨戒爆撃機の代名詞的存在となった。

「ベンチュラ」
米陸海軍で活躍

「スーパーエレクトラ」をさらに改良して、DC2と同じ旅客数を運べるようにしたのが、つぎの18「ロードスター」である。胴体を一・五メートル伸ばし（日本陸軍が国産化させた一式貨物輸送機

ロードスター18

＝キ56も同じやり方）、安定性と収容力を増したうえ、主翼の形状もわずかに変わっている。「離着陸のときの操縦性がよくない。なんとかならないか」という要望は、さきの大日本航空からも出されていたように、アメリカのパイロットの間からも聞かれたからである。

ＤＣ２と同じ客席で速度が一〇〇キロも速いという

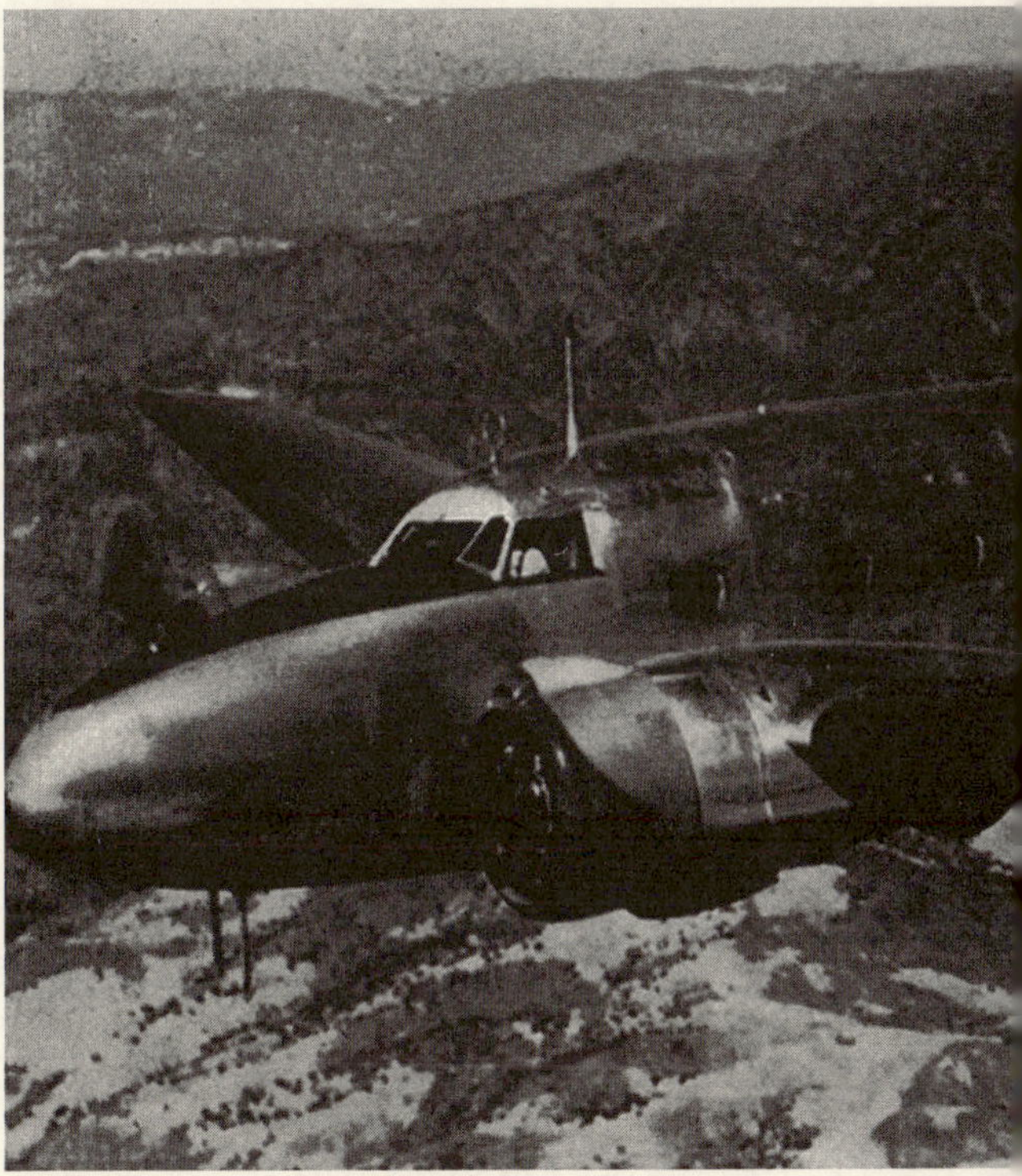

「ロードスター」の段違いの利点は、コンチネンタル、ユナイテッド、ウェスタンなどの各航空会社をすぐ採用にふみきらせ、ほかにイギリス、ブラジル、ベルギーなどにも輸出された。

同機には18－07(「ホーネット」エンジン)、18－08、18－14(「ツインワスプ」エンジン)、18－40、18－50、18－56

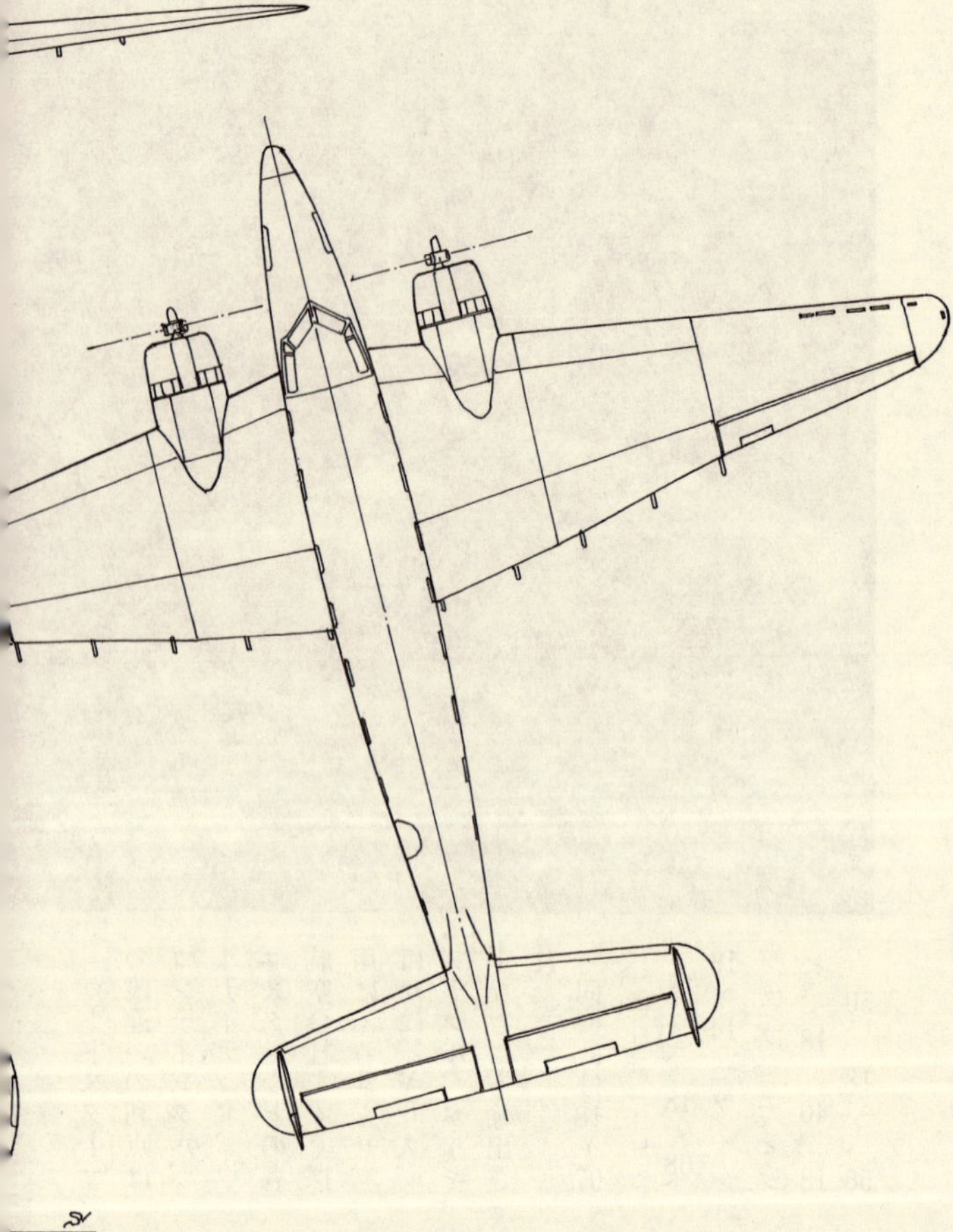

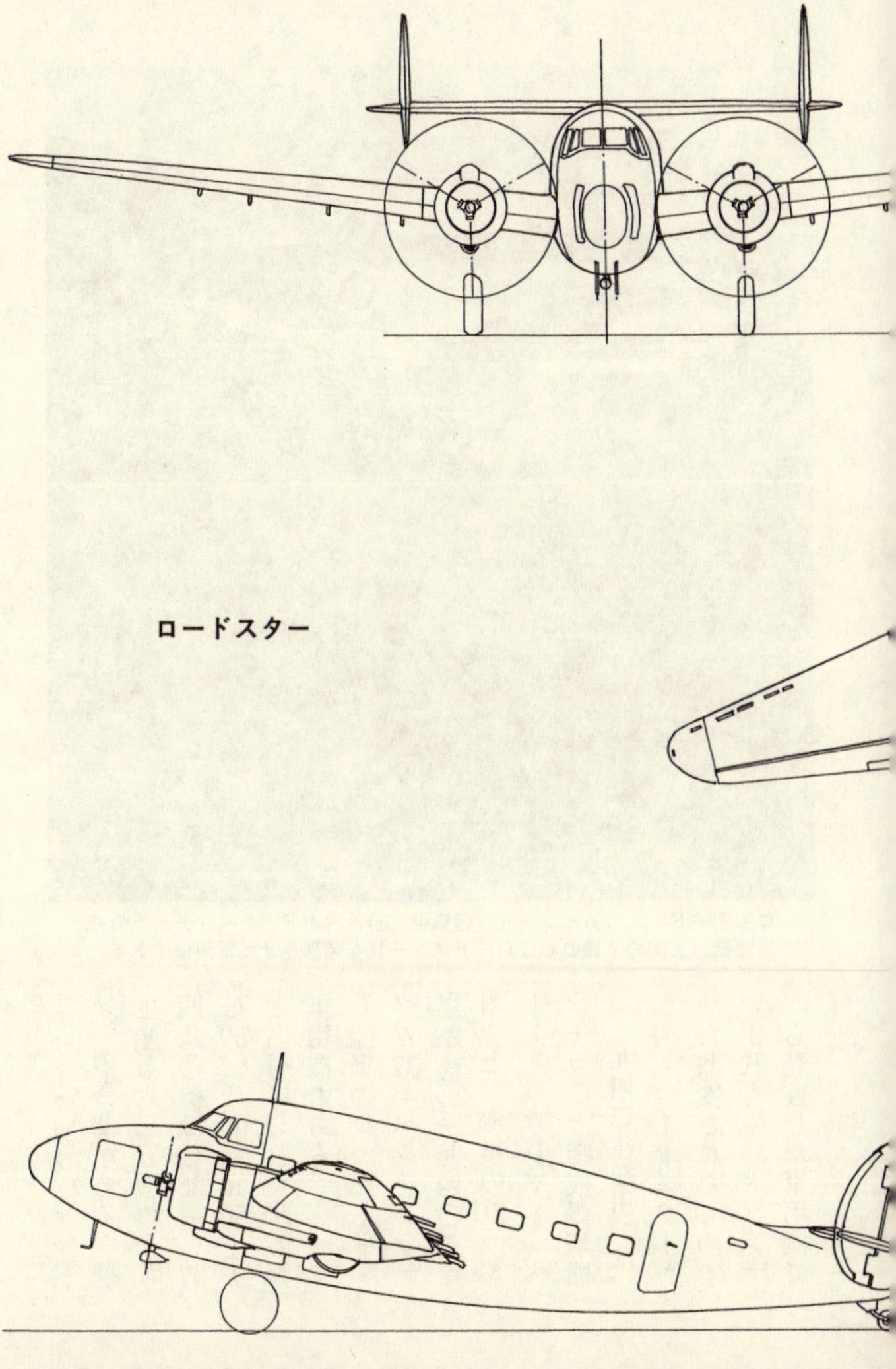

ロードスター

ロッキード・ベガ37ベンチュラ爆撃機(上)とベガPV 1ベンチュラ哨戒爆撃機。上記の2機ともにロードスター18を発展させた軍用機である。

(「サイクロン」エンジン)の各型がある。総生産数六二五機のうち、四八〇機はC56、C57、C59、C60、R50-1と名付けられた米陸海軍用機である。

陸軍のロッキード・ベガ37「ベンチュラ」爆撃機(一九四〇年採用)と、海軍のロッキード・ベガPV1「ベンチュラ」哨戒爆撃機(一九四二年採用)は、この「ロードスター」から改変されたもので、いずれも「ハドソン」から発達した軍用機ではない。

ベガ37「ベンチュラ」は、「ダブルワスプ」一八五〇馬力エンジン二基で大幅にパワーアップされ、最大時速が五〇〇キロを超えている。戦時中、イギリスへもかなりの数が送られた。

ベガPV1「ベンチュラ」は、太平洋戦線で対潜哨戒爆撃機として活躍したほか、長距離戦闘偵察機としても使用された。のちのP2V「ネプチューン」の原型といえる機体である。「ダブルワスプ」二〇〇〇馬力エンジン二基を装備して、最大時速五一〇キロを出した。日本の潜水艦も、これにかなりいためつけられたという。

なお一九三七年(昭和十二年)、ベガ航空機会社(Vega Aircraft Co.)がロッキード社から分かれて独立し、はじめは独特の小型試作機をつくっていたが、第二次大戦にはいってからは「ベンチュラ」をはじめ、ボーイングB17、B29などの大型爆撃機も生産した。B17はE、G両型合わせて七五〇機も生産している。

スーパー・エレクトラのライバル、ダグラスDC3。写真は南米西岸を飛行するパンアメリカン・グレース航空機。

第二次大戦の開戦前、アメリカのエアラインはダグラスのDC2、DC3、ボーイングの314（飛行艇）、ロッキードの「スーパーエレクトラ」などが新しい花形機として活躍していた。

このうち四発機は、ボーイング314だけで、亜成層圏旅客機ボーイング307はテスト中、そしてダグラスDC4は試作したばかりのところだった。

このうちダグラスDC4が大きく育って、戦時中は軍用輸送機C54として大活躍し、戦後はDC6、DC7へと発達してプロペラ四発旅客機の華になった。

一方ロッキードは、戦時中にようやく四発の「コンステレーション」を開発し、すぐにC69という軍用輸送機に採り上げられた。

実現しなかった「エクスカリバー」

それにしても、ロッキードは、単発の「ベガ」「シリウス」「アルテア」「オライオン」、双発の「エレクトラ」「スーパーエレクトラ」「ロードスター」とつづいたのちは、「ハドソン」「ベンチュラ」、P38双発戦闘機の生産に追われて、「コンステレーション」までの数年間というもの、なぜ四発機の開発に手をつけなかったのであろうか。

グロス会長はじめ、主任技師ヒバード、スクワイヤー副社長らのそうそうたるメンバーが、四発大型旅客機を欲しいというユーザーたちの要求に、あくまでも「エレクトラ」系の双発機で押し通し、四発機に目をつぶろうとしたのであろうか。

事実は、ロッキードにも「コンステレーション」の前に、四発旅客機をつくろうという計画があった。それは、44「エクスカリバー」という名の低翼単葉、空冷星型一四気筒エンジンを付け、三枚の垂直尾翼で前車輪式という、のちの「コンステレーション」の原型的なデザインの四発機だった。

全幅二九メートル、全長二二メートル、最大時速四四〇キロ、航続距離三二〇〇キロという性能で、与圧気密式になっている客室には三二の座席があった。ちょうどボーイング307と似た大きさの亜成層圏機である。

すでに一九三八年十二月に初飛行していた307よりあとに開発されているので、販売にはちょっと苦しい立場に立たされることになったのであろう。それに「コンステレーション」より、ずっと小型でスタイルも悪いときては、各エアラインがどれだけ「エクスカリバー」に興味を示しただろうか。おそらく、注文は少なかったと思われる。

双発高速機で大メーカーにのしあがったロッキードとしては、いささかお粗末な四発機案であった。

この苦境を切り開いたのが、第二次大戦であり、世紀のプレイボーイと言われるハワード・ヒューズその人であったというのも、ロッキード社の体質と考え合わせると、おもしろいめぐり合わせと言える。

4 夢の重戦・P38に取り組む

緊迫化した国際情勢で新戦闘機を……

一九三七年（昭和十二年）は、まずヒューズが米大陸横断新記録をつくり、つづいて日本の「神風」号の欧亜連絡飛行、ツェッペリン飛行船〝ヒンデンブルグ〟号の爆発、イヤハート女史の世界一周飛行途中の行方不明、メッサーシュミットＢｆ109改造の陸上機速度記録（六一一キロ）といった航空界のエポック・メーキングな事件が相次いだ。

当時、ヨーロッパではスペイン動乱、ナチ・ドイツの勢力増強、アジアでは日本の中国進出と、国際関係が緊張していた。こういった情況では、列強間に、より強力な戦闘機を関発して、敵機侵入の脅威から脱したいという考えが出てくるのも、当然の成り行きであろう。

すでに一九三五年には、フランスのモラン・ソルニエＭＳ406、ドイツのメッサーシュミットＢｆ109、イギリスのホーカー「ハリケーン」が、一九三六年には、イギリスのスーパーマリン「スピットファイア」、ドイツのＢｆ110など、戦闘機の原型がそれぞれ初飛行しており、改良が重ねられていた。

この当時のアメリカ軍では、あまり性能のよくないセバスキーP35、カーチスP36が配置され、あるいは初飛行したばかりであった。そして、のちに有名となったP40は、一九三六年にようやく手をつけられたところである。

その後の飛行機王国アメリカとは思えないような、当時の軍用機対策だった。しかし、やはり国際情勢が緊迫化するとともに議会でも、

「いったい何をしているのだ」

と突き上げられるようになった。

こうした声が満ち満ちてくると、陸軍当局もあわてて、一九三七年二月、

「高々度の防空および迎撃戦闘機をデザインし、大至急提出せよ」

と各航空機メーカーに命じた。

「最大時速は高度六〇〇〇メートルで五八〇キロ、海面上で四八五キロ、海面から六五〇〇メートルまでの上昇時間は六分以内のこと」

という付帯事項もある。

当時のBf109や「スピットファイア」が時速五六〇キロであったから、スピードはそれほどの要求でもなかったが、上昇力と高々度戦闘をねらって、きびしい細目がつけられた。

もちろんロッキード社にも仕様書が回されてきた。グロス会長は、ホール・ヒバード、〝ケリー〟ジョンソンら技術陣を集めて督励した。

「わが社で初めての単座戦闘機を設計することになったが、まず形をどう決めるかね」

「現在あるエンジン一基では、馬力の余裕がなくて無理ですね。運動性は多少犠牲にしても双発にして引っ張らなければ……」

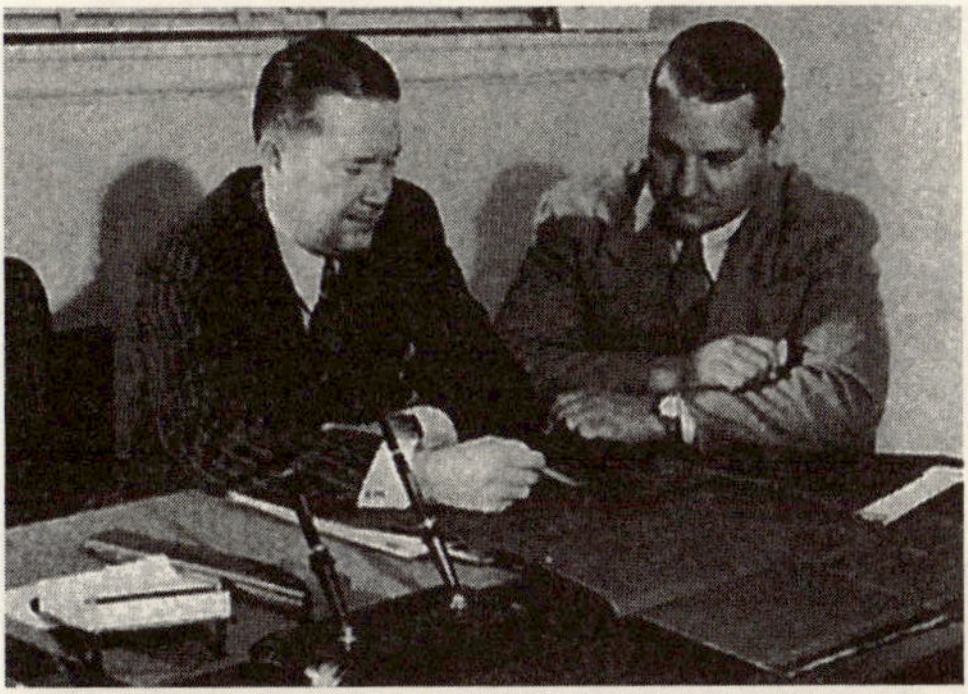

P38戦闘機の生みの親、ホール・ヒバード(左)とクレランス・ジョンソン(右)。試作前はモデル22と呼ばれていた。

ヒバードが言うと、

「よろしい。スピードのロッキードに恥じない高速機で、要求よりも速い時速六〇〇キロ以上出せるようにしたいな」

とグロスも大賛成だ。

「たんなる双発というだけでなく、胴体のエンジンから延長軸をつかって翼のプロペラを回したり、双胴型式にしたり、いろいろなタイプを考えてみましょう」

ジョンソンは意欲的に、紙にいくつかのデッサンを描いて示した。

それをまとめたのが、次ページの図のような六つの型式である。1は普通の双発型式。2と3は胴体内の串型配置双発エンジンから延長軸と傘型歯車で主翼の前縁か後縁で二つのプロペラを回す型式。4、

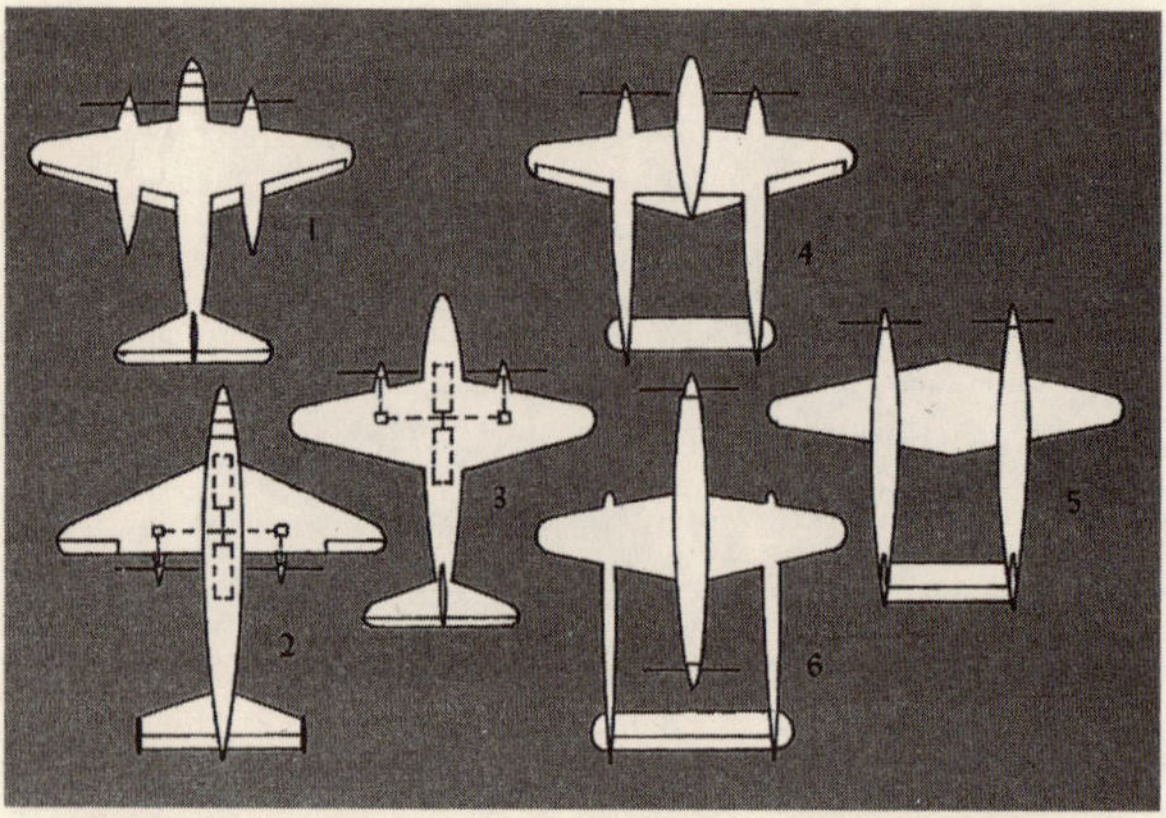

時速600キロをめざしたジョンソン技師が考案したP38の6種形態。

5、6は双発双胴型式だが、6は中央胴体の前後にエンジンをつけプロペラを回し、その中間にパイロットが座るという型式であった。

XP38の試作命令下る

グロスはすぐにデイトン（オハイオ州）のライト・フィールド技術テスト・センターに飛び、これらの青写真を検討したうえで、陸軍当局へ持ち込み、競争試作に応じたのである。グロスをはじめジョンソン、ヒバードが強く推したのが、図の4の双発双胴で中央に乗員ナセルのある型式だった。

これなら重心の移動が幅広くとれ、両胴のエンジンのうしろにタービン過給器、冷却器、および主脚をおさめるのに都合がよかった。それに中央胴の先端に機関銃や機関砲をまとめて、前例のない重武装とすることができる。ジョンソンは二三ミリ機関砲一門と、ブローニングの一二・七ミリ機銃四梃を装備することを提唱した。

このアメリカ最初の双発双胴三車輪式の単座戦闘機は、モデル22と呼ばれて他の単発単座戦闘機と比較検討されていった。陸軍の審査官は、他機種より時速で一六〇キロも速くなる予定のロッキード22を気に入った。

風胴実験中のYP38。これによって細部が調整された。

六月二十三日、陸軍はロッキード社にたいして、

「原型一機の試作を命ずる。名称はＸＰ38、シリアル・ナンバーは37-457」

と回答した。

アメリカ陸軍航空隊としても、従来の運動性のよい単発単座戦闘機では、これからの対爆撃機戦闘に通用しなくなると予想したのだ。少し重くとも強力な双発戦闘機を開発しておきたい、戦闘機同士なら高々度へさそいこんで決着をつければよい、という戦術思想に傾いていたのである。

しかし、軍内部ではまだ格闘戦を捨て切れない者もあり、ＸＰ38のような革新的な重戦闘機

はもっと慎重に研究して決めるべきで、とりあえず一機だけの原型をつくらせておこう、というのが実情であった。

大張り切りのロッキード社

ロッキード社は、陸軍の試作契約金の五倍近くを投入してXP38に取り組んだという。ロッキード社のXP38にかける意欲が、なみなみでなかったことを思わせる。

当時のいずれの国も考えなかった、設計者の夢のような重戦闘機を世に送り出せるというのだから、張り切るのも当然であったし、自信もたっぷりというわけだった。

まず、エンジンはアリソンV1710-11／15液冷V型一二気筒が選ばれた。高度三六五〇メートルで九六〇馬力、六〇〇〇メートルで一一〇〇馬力である。

当時、大馬力双発の小型機の場合、そのプロペラを同方向に回転すると、トルクの影響でその反対側に振られて、損失が大きいと信じられていた。このため、XP38に搭載するにあたって、互いに内方へ回るよう（つまり右プロペラは左回り、左プロペラは右回り）にしてトルクを消すよう製作された。

この処置は、逆方向回転の同種のエンジンを工作することが困難だったので、大多数の国では同方向回転ですませていたが、P38はずっとこれで押し通した。やはり、アメリカの航空工業力とアリソン・エンジンの生産力の違大さをつくづくと悟らされるのである（なお同方向回転でも、逆方向回転にくらべて損失はそれほど大きくないことが後にわかっている）。

排気タービン過給器（スーパーチャージャー）は、日本ではまだ夢物語であったのに、P38では実用化に成功していた。両胴の中央上面に装置されていた円型の過給器を見て、「まいった」という感慨をもった識者や航空ファンが、かなりあったのである。

P38に搭載されたアリソンV1710系エンジン。左側は過給器で、イギリスへの輸出機には装着がゆるされなかった。

故障続きの試作一号機

XP38の自重は約五トン、全備重量は六・二トンに達した。これはロッキード「エレクトラ」よりはるかに重く、「スーパーエレクトラ」よりやや軽い重量だ。

これを三〇平方メートルの主翼面積で支えるのだから、翼面荷重は一平方メートル当たり二〇〇キロを超えた。当時の日本陸軍の九七式戦闘機が八八キロ／平方メートル、イギリスの「スピットファイア」が一二〇キロ／平方メートル、ドイツのメッサーシュミットBf109が一五〇キロ／平方メートル、アメリカのカーチスP40が一七〇キロ／平方メートルであったから、P38は世界最高の翼面荷重だった。

そのため、離着陸を容易にしようと「スーパーエレクトラ」で採用したファウラー・フラップをつけた。これで離着陸性能はよくなったが、主翼が小さいためフラップを下ろすと、効き

XP38

がよすぎてこまることになる。

ＸＰ38の主翼外形の大きな特徴は、実に美しい先細テーパー翼で、水平尾翼の直線的な構成とよくマッチしていたことである。おそらく双発双胴型式で、これだけよくととのったスタイルをもった飛行機は、空前絶後のことであろう。

一九三八年十二月三十一日、ＸＰ38はバーバンクの

XP38
全幅15.85メートル　全長11.53メートル　主翼面積30.4平方メートル　自重5100キロ　全備重量6125キロ　最大時速660キロ　上昇時間6000メートルまで2分30秒　実用上昇限度11000メートル　航続距離1700キロ（最大）　乗員1名

工場からロールアウトした。分割された機体は、三台のトラックに載せられてリバーサイド市のマーチ飛行場に輸送された。このとき、某国のスパイが同機を盗み撮りしたり、もぐり込んで調べようとしているという情報があって、厳重な警戒態勢がとられたと言われる。もちろんトラックの荷台は、キャンバスでびっしりと覆われていた。

マーチ飛行場で組み立てられたXP38が、プロペラを回して地上滑走テストをはじめたとき、ブレーキの故障で溝に落ちて一部を破損した。これはすぐに修理され、ついに一月二十七日、初飛行に成功したのである。

ところが飛行中、こんどはフラップが故障して、テスト・パイロットのベンジャミン・ケルゼイ中尉は、フラップを引っ込めたまま、つまり減速できないで高速着陸するというトラブルがあり、XP38の行方の平坦でないことを思わせた。

テスト中、米大陸横断の新記録

それでも初飛行から一五日後の二月十一日には、やはりケルゼイ中尉の操縦によってマーチ飛行場を出発、途中アマリロ（テキサス州）、ライト飛行場（オハイオ州）に着陸、給油して、ニューヨークのミッチェル・フィールドまで、三九〇〇キロを七時間二分で飛んだのである。

ただ、着陸時にエンジンが急にストップして、滑走路手前のゴルフ場に突っ込み、機体を大破してしまったが、平均時速は五四五キロ、最大時速は六七五キロを出したのだからものすごい。

このスピードは今日の小型ジェット・ビジネスプレーン並みのものだから、陸軍当局がびっくりした。

「二年前のヒューズの記録（スペシャル機による七時間二八分二五秒、平均時速五三三キロ）は、当分、破られないものと思っていたのに、まだテストをはじめたばかりのXP38が、簡単に破ってしまうとは……」

XP38の模型を持つテスト・パイロット、ベンジャミン・ケルゼイ中尉(のち空軍准将)。

陸軍航空参謀長のアーノルド将軍が息を深くついたそのそばから、航空参謀が言葉をはずませて言った。

「参謀長、ロッキードは未来の戦闘機を現実につくってくれました。さっそく、実用テスト機の増加試作をお命じになるのがよいと思います」

こうして、いくつかのトラブルがあったにもかかわらず、XP38は目を見張るスピードによって、四月二十七日、一三機の限定発注を受けた。

日本海軍用の三菱十二試艦戦（「零戦」）が

初飛行したのは、まさにこの二十数日前である。

日本にも伝えられたP38の情報

XP38のニュースは、日中戦争がそろそろドロ沼の様相を帯びてきたころ、第一次ノモンハン事件が起きたとき日本にも伝えられた。まだ明瞭な写真や図面、データは知らされていなかったが、当時の航空雑誌や科学雑誌で、「理想の戦闘機、新記録成る」などと簡単に紹介された。

しかし、日本の軍部や関係者たちは、

「こんな図体の大きいスピードだけがとりえの重戦闘機で何になる。日本の格闘性ある軽戦闘機で、巴《ともえ》戦に持ちこめば少しも恐れることはない」

と豪語していた。

同じ戦闘機といっても、まったく使命のちがう機種を論じていたわけで、また、排気タービンの恐ろしさをまったく知らない発言だった。

それはともかく、増加発注機はYP38（ロッキード122）と呼ばれ、エンジ

ンがアリソンのV1710-27/29液冷V型一二気筒一一五〇馬力となったほか、プロペラの回転方向がXP38と逆の、それぞれ外方へ回るように改められた。
さらに、エンジン前方の下に設けられていた空気吸入孔が上部へ移され、ここに冷却器が置かれた。武装も二三ミリ機関砲が三七ミリ砲となり、一二・七ミリ

機銃二梃、七・七ミリ機銃二梃となった（七・七ミリはのちに一二・七ミリに戻された）。

ヨーロッパの空に戦雲が色濃くたちこめてきた一九三九年（昭和十四年）八月十日、アメリカとしてもこれに対処する必要性が生じて、陸軍はYP38をさらに六六機発注した。

その直後、すなわち九月一日、ドイツ軍がポーランドに侵入し、第二次大戦がはじまった。

はじめに発注されたYP38の一号機は、一九四〇年九月に初飛行し、翌一九四一年六月までに一三機の引き渡しが終わった。つぎの六六機もつづいて引き渡されているうち、さらに六〇〇機の大量発注があった。六六機の生産型の前半三〇機をP38、そのあとの三六機をP38Dと呼ぶ。

P38の一機が操縦席を与圧室としてXP38Aとなったが、開発を中止されている。P38は武装が一二・七ミリ機銃四梃となり、ヨーロッパの戦訓をとりいれて防弾鋼板をつけたため、重量が増加（六九〇〇キロ）して最大時速が六三〇キロと落ちている。

しかし、P38Dのほうは、防弾タンク、引き込み式着陸灯、照明弾の取付架を設けたほか、昇降舵の上部中央にマスバランスを置き、水平尾翼の取付角を変えた。これで昇降舵のバフェッティング（異常振動）がとても少なくなり、急降下時の引き起こしもスムーズになった。

つきまとった異常振動《バッフェッティング》

この昇降舵のバフェッティングの問題は、ケルゼイ中尉のあとを引きついでテスト・パイロットをつとめていたマーシャル・ヘッドルが、「これはまったく速い飛行機だ。私のパイロットとしての経験から、こんなに操縦しやすい飛行機はなかった」と賛嘆していたにもかかわらず、つねにつきまとっていた。

一九四一年十一月四日、ダイブ・テストをしていたテスト・パイロットのラルフ・バーデインがバーバンクに向かって機首を下げ、最後の急降下から引き起こした瞬間、機体は異様な音をたてて分解、空中に散った。

左右胴体の後部がポッキリ折れて主翼部分と尾翼部分に分かれてしまったのである。その主翼の双胴前部は、スピンにはいって市街の民家に落ち、辺りを燃えあがらせるという惨事を招いた。

同じように、日本でも「零戦」が昇降舵のフラッターによりP38の事故のやや前、二回も墜落している。日米双方とも、戦闘機開発中の尊い犠牲を同時に出していたわけだが、片や剛性不足、片や剛性じゅうぶんなのに、似た原因とは不思議な因縁というべきか。

このようなトラブルがありながら、一九四一年十一月からP38E（ロッキード222）がつくられた。武装が二〇ミリ機関砲一門と一二・七ミリ機銃四梃となり、以後の基本型式になった。油圧、電気系統が改善されたほか、プロペラもハミルトン・スタンダードのハイドロマチック中空鋼製から、カーチスの電気式ジュラルミン製に途中から変えられ、合計二一〇機が生産された。

このE型のうち約一〇〇機が機首の武装を取り去って、写真機四台と照準器を装備して、写真偵察機F4となっている。

P38E　ライトニング

　これより前、ドイツの電撃作戦に青くなったイギリスは、ダイナミックで頼もしげなP38に目をつけた。
「独伊陣営をうち破るため、ぜひ、P38を多数送ってほしい」
　というイギリスの軍用機購入使節団の要請にたいし、ロッキード社およびアメリカ陸軍当局は、
「もちろん全面的に協力したいが、

何分にもターボ過給器をつけたエンジンは、たとえ同盟国イギリスでも輸出禁止になって

いるので……」

と申しわけなさそうに答えた。

しかし、イギリ使節団は食いさがった。

「では、過給器なしのもので結構！　大至急生産してほしい」

これですぐに交渉はまとまり、一九四〇年六月五日、イギリスはP38輸出型（モデル322-61）を六六七機も発注している。

これはエンジンがアリソンV1710-C15一一〇〇馬力で、排気ターボがないため、最大時速は六〇〇キロを割っている。そのうえ上昇力もガタ落ちで、さすがのイギリスも耐えきれなくなった。

「こんなオンボロ機は使いものにならん」

と、すでに生産された一四三機をキャンセルした。

やむなく、アメリカ陸軍がこのP38を練習機として使うことにした。残り五二四機は、ダラスの改修工場へ送られて、一五〇機がP38F、三七四機がP38Gに改められた。

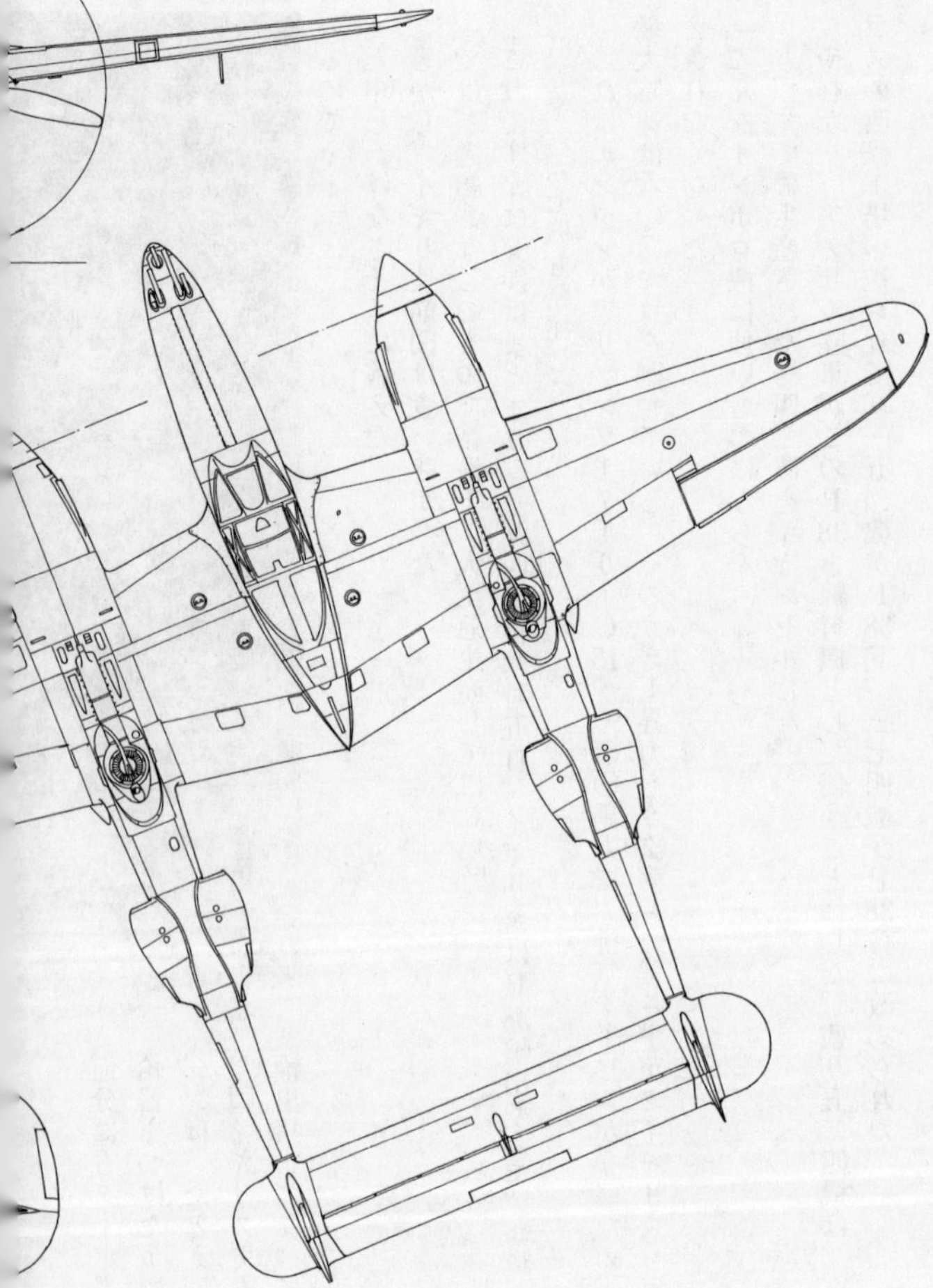

8

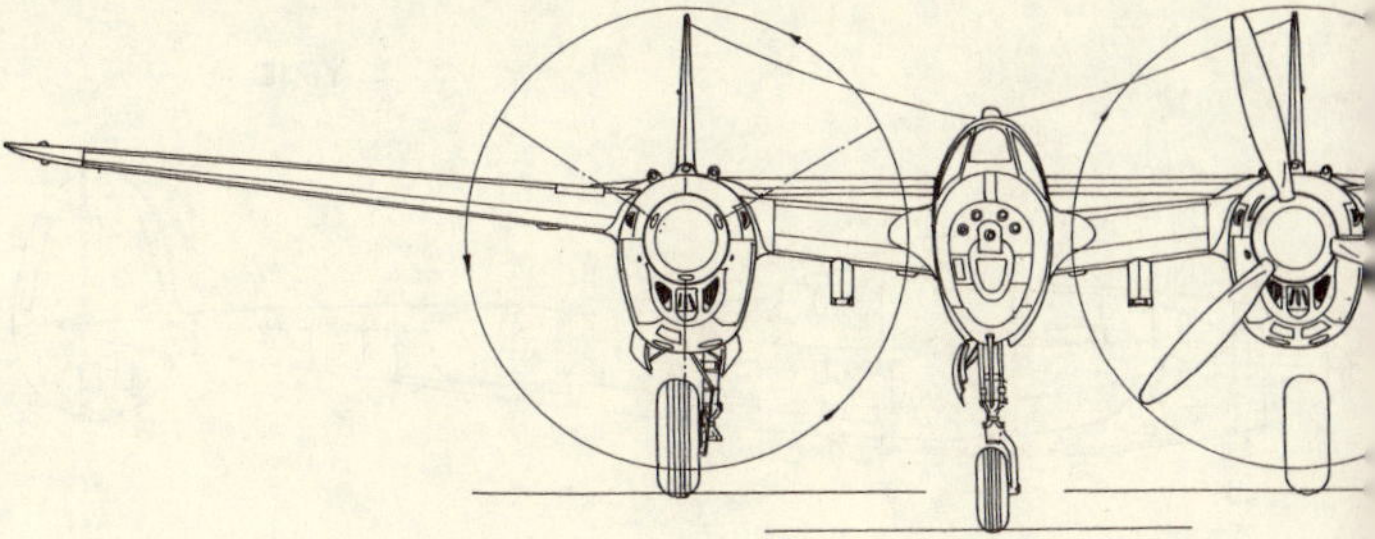

P38L ライトニング

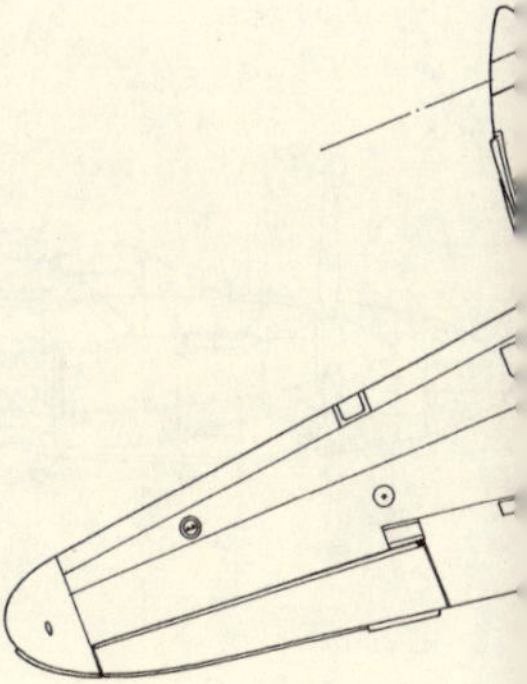

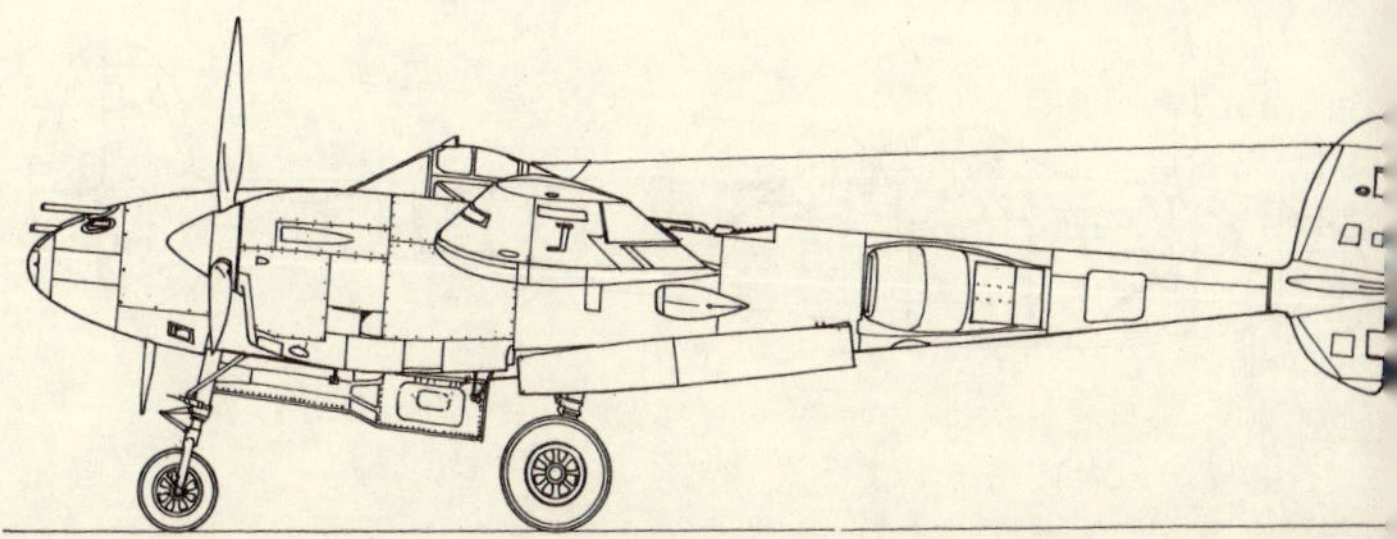

YP38

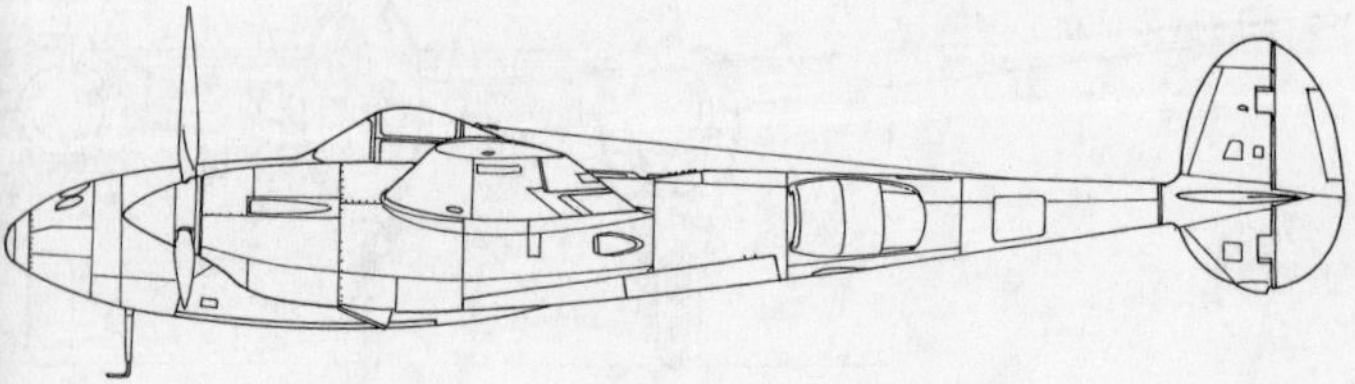

XP38

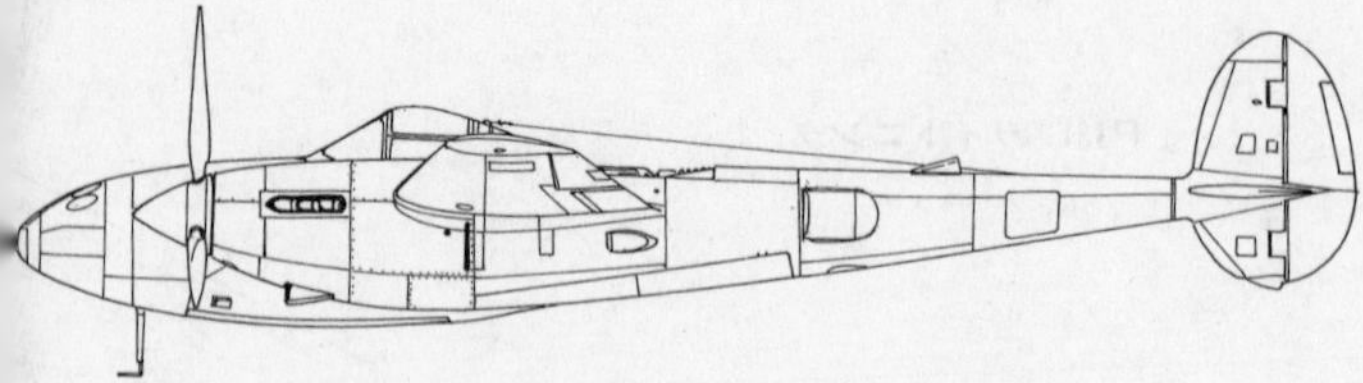

P38H ライトニング

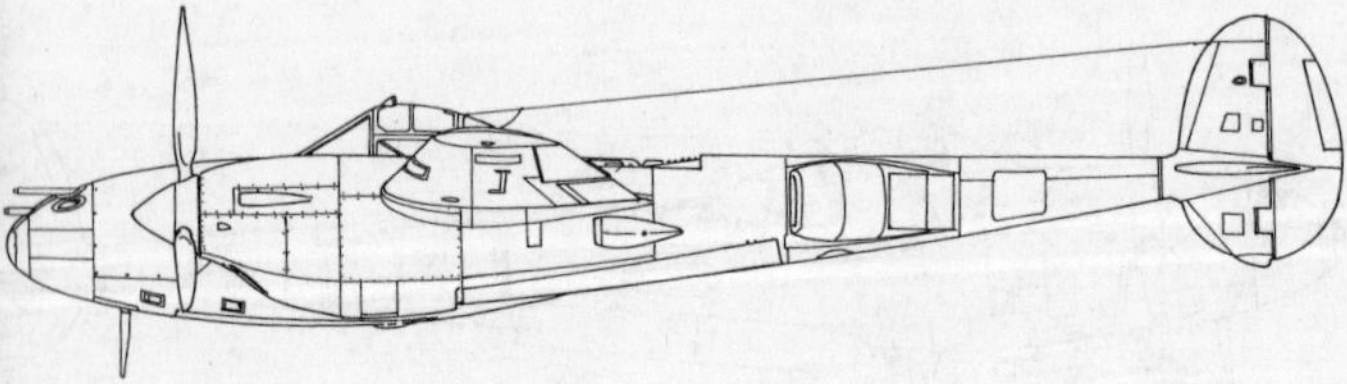

P38M ライトニング

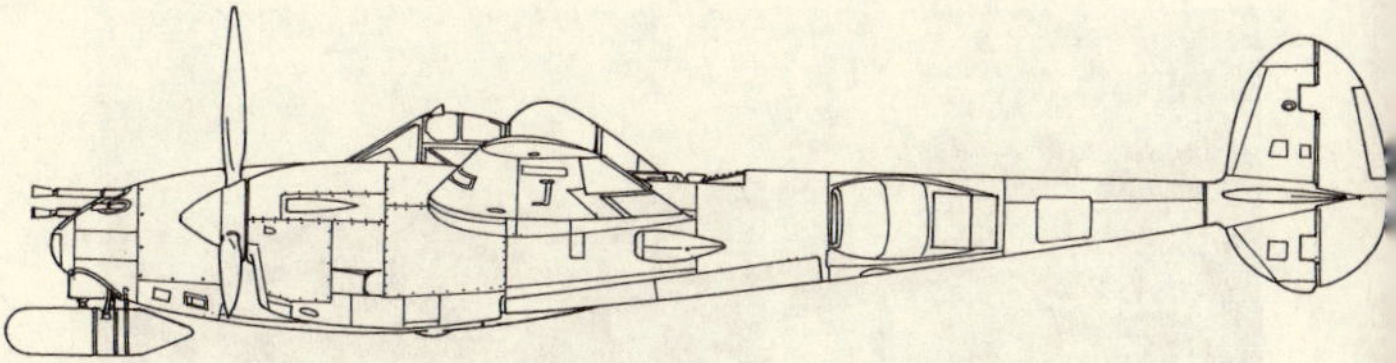

P38J ライトニング

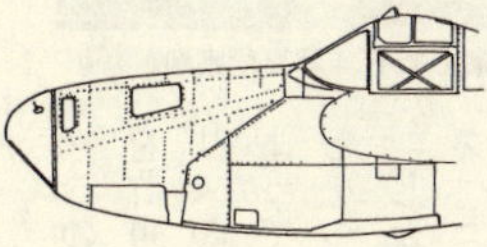

F 5 E

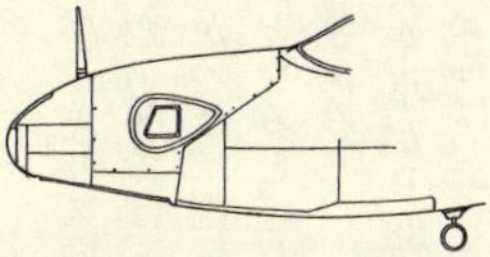

F 5 G

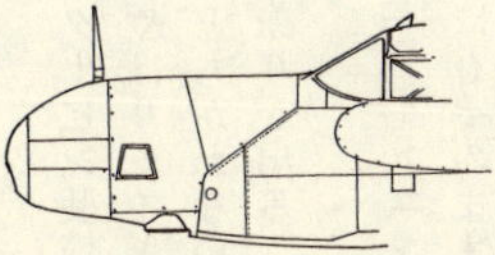

P38E の武装を取りはずして写真機などを搭載したＦ４写真偵察機。

このＧ型改造機は、イギリス向けに排気タービン装備を許可されたモデル322－60ではあったが、やはり、イギリスのお気に召さなかった。国情はそれほどちがわないようでも、こと兵器となると、だいぶお国ぶりが出ることをつくづくと知らされる。

しかし、イギリス空軍がＰ38に与えた「ライトニング」（稲妻）という愛称は、アメリカ陸軍にもそのまま導入されて、長く使われることになった。

次々生まれる改良機種

援英機としては、きわめて不本意なＰ38であったが、アメリカ陸軍にとっては〝期待される飛行機〟に成長して、迎撃的性格よりも進攻的性格が重んじられるようになってきた。

一九四二年二月、Ｐ38Ｆが生まれた。内翼の下に増槽（落下タンク）をつるして、航続距離を三一〇〇キロまで伸ばしている。エンジンもアリソンＶ１７１０－49／53の一三二五馬力にアップされて、最大時速は六五〇キ

イギリス輸出型のモデル322。排気タービンは装着されていなかった。

ロとなった。

当時、「零戦」21型が最大時速五三三キロ、航続距離三〇〇〇キロ（増槽付き）を誇っていたが、格闘性はともかく、Ｐ38はスピードと航続力で弱点を大きくカバーしていた。

このＦ型は五二七機つくられ、増槽のかわりに弾架をつけて、無線器、発煙筒、魚雷などをつるすようにしたものである。

またＦ15ＬＧ型は、空戦にはいるとフラップが自動的に八度開いてセットされるようになっていた。ちょうど日本の四式戦「疾風《はやて》」で採用した自動空戦フラップとほぼ同じタイプであり、Ｐ38の旋回半径をやや縮めると同時に、運動性をかなりよくしている。

ここでちょっとふれておきたいのは、Ｐ38の操縦装置がふつうみられる操縦桿《スティック》ではなく、はじめは自動車のハンドルと同じ転輪タイプであったことだ。双発機で翼面荷重が高いなどから、この型式を選んだようだが、空戦にはいるとやはり不便で、のちに最近の大型機にみられ

主翼下に増槽タンクを装着し、3000キロ以上の航続距離を持つ P38F。

るような両手で把握するところだけの小さなハンドルに改められた。

太平洋戦争前、たまたま航空雑誌のグラビア写真にP38の操縦席が小さく載ったことがある。これをみた某ファンが、

「これは軍用機のキャデラックだ。戦闘できるしろものではない。ロッキードはスピードレーサーと混同しているんじゃないか」

と評したのを思い出す。

しかしロッキードとしては、このようなタイプの飛行機には、転輪ハンドルが良いという理念をもって採用したにちがいない。それがほぼ正しかったことは、P38の戦闘実績がよく物語っている。

第二次大戦という、P38にとって願ってもない舞台が与えられ、改良と改造がつぎつぎとつづけられた。F型の四ヵ月あとには、最大航続距離が三八〇〇キロ以上にもおよぶG型が出現した。これはアリソンV1710-51／55の一三二五馬力エンジンであるが、高々度性能に

やや難があった。そこで、G型の3LOや5LOには、改良された排気タービン過給器を付けて解決した。

このG型はF型よりやや軽く、一九四三年三月まで合計一〇八二機生産された。このうち三八一機が、武装をとって写真機を積み、F5AおよびF5Bの写真偵察機となった。G型はこの時期までのP38の中ではもっとも多く、日本人にとっても忘れられない飛行機となるのである。

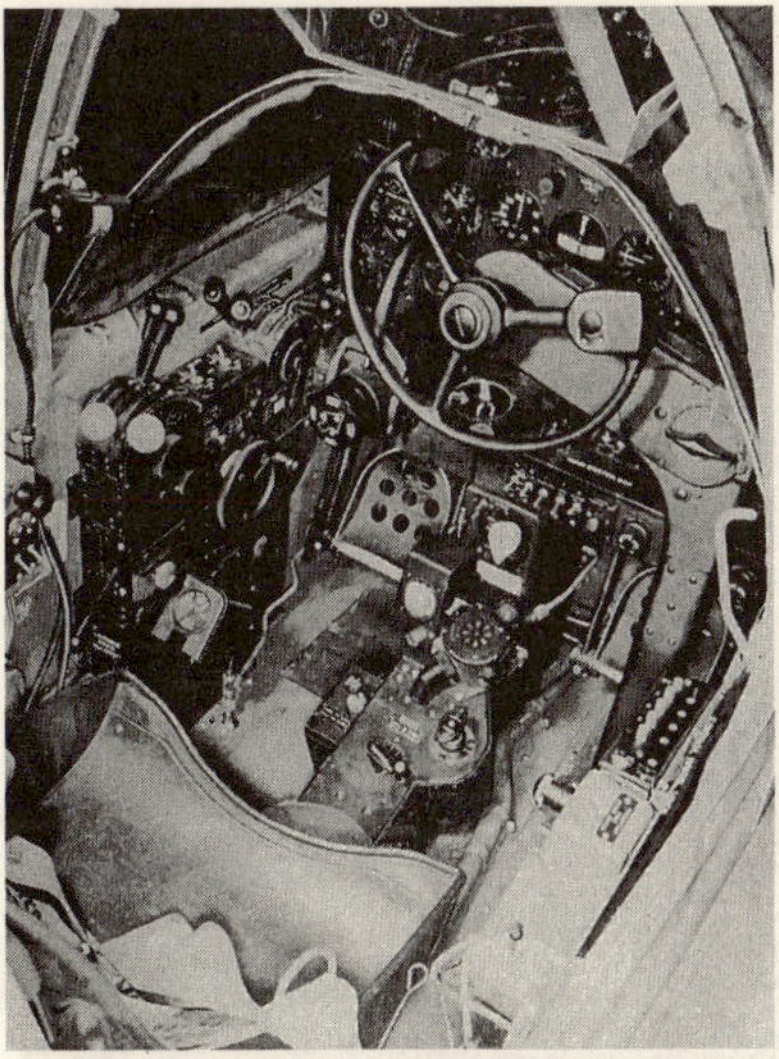

P38Eの操縦席。初期型の操縦装置は自動車と同じような転輪タイプのハンドルだった。

重爆なみの攻撃力と航続力

一九四二年九月になると、さらに改良されたP38Hが初飛行した。そのエンジンはF15(V1710-89/91)の略称で、離昇出力が一四二五馬力におよび、高度八二〇〇メートルでも一二五〇馬力を出した。冷却をよくするため、放熱器に自動調節フラップが付けられていたが、この装置も日本ではついに実用化できなかったものだ

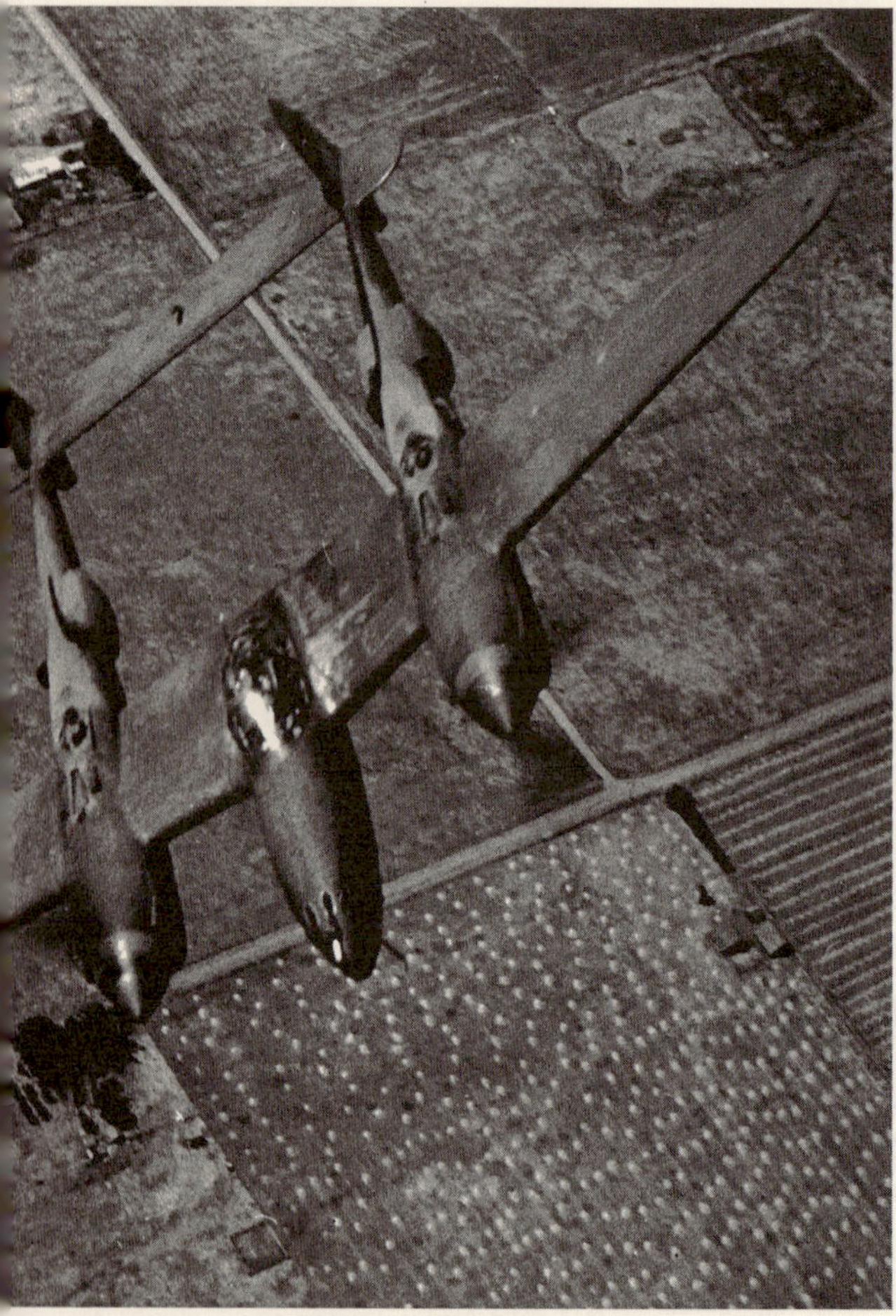

P38G ライトニング

P38H 5　ライトニング

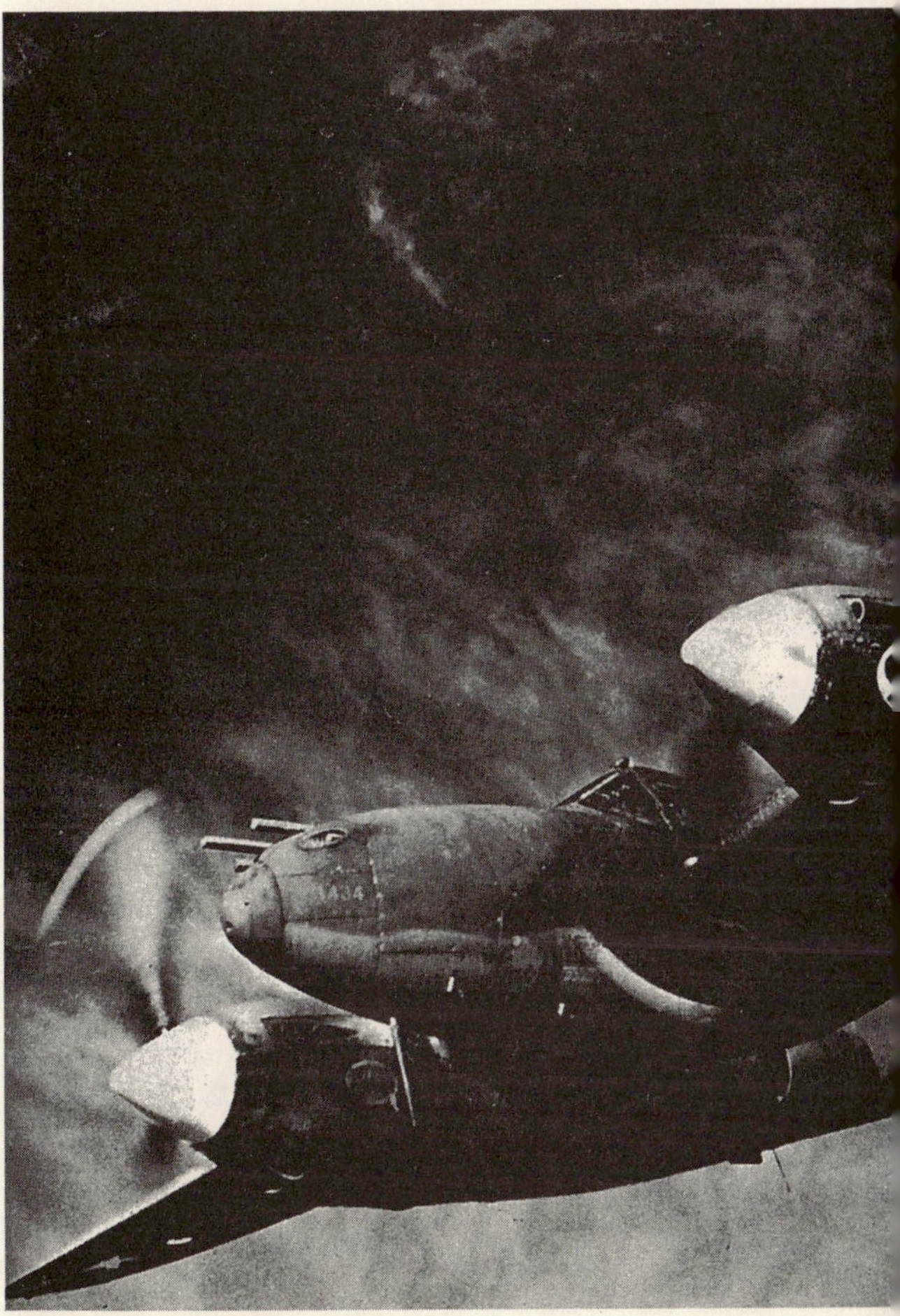

P38J ライトニング
268008

P38L ライトニング

P38M ライトニング

った。

H1LOは、両内翼下の弾架にそれぞれ七二五キロ爆弾をつるせたから、日本の重爆以上の積載力を持っている。またH15LOの改良された排気タービン過給器は、一万二〇〇〇メートルを常用高度とするほど高空性能がよくなった。これはドイツの爆撃機でさえも太刀打ちできない技術的進歩である。H型を改造したF5C、F5Dの写真偵察機もあり、同型は一九四三年三月から合計六〇〇機が生産され、ヨーロッパ戦線で活躍した。

第二次大戦でも、スターリングラードの敗戦で枢軸国側の不利は目に見えはじめ、連合国側はますます勢いづいていった。すでに改良し尽くされた感のあるP38Hも、一九四三年八月からJ型となって登場した。エンジンはそのまま（名称はV1710-49/51）ながら、翼前縁の中間冷却器用空気取り入れ口をエンジン・ナセルに移し、あいたところへ燃料タンク二個を取り付けたので、航続距離は増槽付きで三六四〇キロにおよんだ。

はじめから問題があった尾翼のバフェッティングは、まだ完全にぬぐい去ったわけではなかったので、J型の25LOから電動によるダイブ・ブレーキが設けられ、また補助翼を動力操縦式とした。操縦輪が転輪ハンドル式から切り欠き式に変わったのもこのときである。これで補助翼の操縦に要する力が二〇パーセント以下に減った。

J型の総生産数は二九七〇機でP38系列の中で二番目に多い。

もっとも多数生産されたのはつぎのP38Lで、ロッキード社のバーバンク工場で三八一〇機、コンソリデーテッド・バルティー社のナッシュビル工場で一一三機、合計三九二三機である。バルティー社には、はじめ二〇〇〇機発注されたが、終戦で一一三機以降はキャンセルになった。

同型はエンジンがアリソンF30（V1710‐111／113）一六〇〇馬力ともっとも強力で、最大時速は六六七キロ、最大航続距離は四一八五キロというからものすごい。H型やJ型と同じように、七二五キロ爆弾二発を付けたが、このときの航続距離はもちろん短くなる。

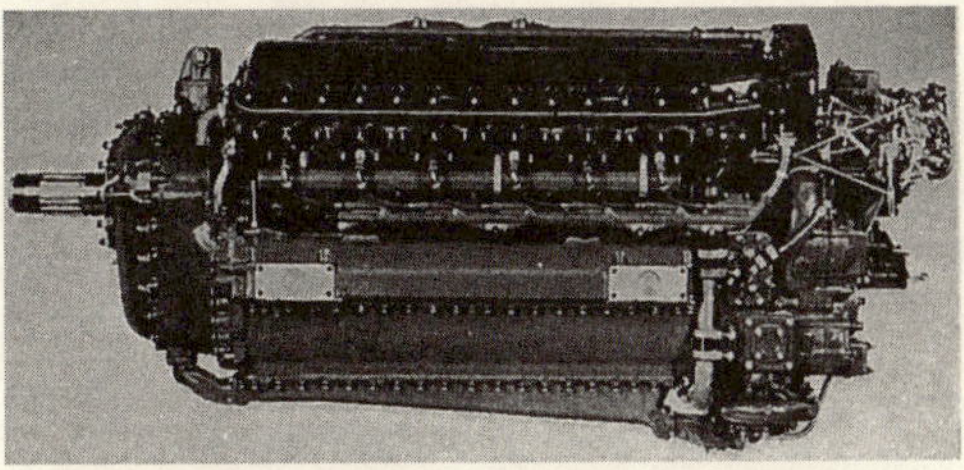
P38L に搭載されたアリソン V1710F30エンジン。同エンジンは P38シリーズ中で最も強力で、1600馬力を発揮した。

複座の夜間戦闘機も開発

P38「ライトニング」にもついに、最終型がおとずれることとなった。

縦縦席のうしろにレーダー手席を設けた複座の夜間戦闘機P38Mである。L型から少数が改造されたが、太平洋戦線に出てきたという記録はない。レーダー手の頭を覆う風防が突出しているとともに、機首下に小さなレードームが取り付けられて、P38の中ではもっとも不恰好である。

このようにしてP38は、最終型のM型まで総生産数が九九二三機に達し、第二次大戦に参加した世界の戦闘機の中で一二番目の生産機数を誇った。

ロッキード社でつくった、ただ一種の戦闘機がこれほど多く生産されるとは、同社のグロス会長をはじめジョンソン、ヒバード技師らのだれもが思いおよばなかったことであろう。

しかし、P38の欠点は、整備に手間のかかったことである。一機につき、エンジンと過給器のダブル整備は、前線の整備員を悩ませた。そこで終戦時、すぐ帰還できない要修理機は、すべて焼きはらわれたという。

5 戦場を制圧した〝双胴の悪魔〟

一撃離脱の必殺戦法

話は第二次世界大戦のはじめにさかのぼるが、P38の戦線への登場は、太平洋におけるミッドウェー海戦の勝利でほっと一息ついたアメリカが、航空部隊――第8航空軍をヨーロッパに派遣したときにはじまる。それは足の長さを買われた一六四機のP38Fで、一一九機のB17と一〇三機のC47とともに大西洋を横断し（ラブラドール～グリーンランド～アイスランド経由）、一九四二年八月末に移動し終わった。

さらに年末には戦爆合計八八七機、一九四三年三月までには約二八〇〇機（うちP38を含む戦闘機九六〇機）がイギリス本土に集まった。

航空基地もイングランドに八ヵ所、スコットランドに二ヵ所、北アイルランドに五ヵ所提供された。アイスランド基地に進出したP38Fは、一九四二年八月、早くも初の戦果をあげている。

それは、北大西洋上で哨戒飛行をしていたドイツ軍のフォッケウルフFw200「コンドル」哨戒機を、得意の一撃離脱で撃墜したもので、幸先のよいスタートを切った。

これにつづいて、北アフリカへ進出していたドイツのロンメル軍団をたたくため、パットン戦車軍団傘下の米第12航空軍所属のP38Fは、十一月九日からはじまった大攻勢に加わった。

しかし、低高度から中高度の空戦では、フォッケウルフFw190やメッサーシュミットBf109にかなわなかった。だいたいが格闘用の戦闘機ではないのだから、単発高馬力の戦闘機とのもつれ合いは無理である。

ミュンヘベルグ少佐や〝アフリカの星〟とうたわれたマルセイユ大尉らのエースをまじえた北アフリカのドイツ空軍戦闘機隊は、P38戦闘機を巧みに低高度へと誘いこむ作戦をとった。

P38Fは、高度四五〇〇から五〇〇〇メートルにかけての空戦なら、パイロットの腕さえよければタイにもち込めるのだが、四〇〇〇メートル以下の空戦になるとからきしだらしない。

「しまった！　敵の作戦にひっかかったか」

と思ったときには、低高度で性能がよいFw190やBf109のえじきとなっていたのである。

しかし、鼻先の機関砲一門と機銃四梃の集中パンチと計九〇〇キロにおよぶ爆弾の威力はすばらしく、対地攻撃は大きな被害を与えた。低空から突っ込んでくるP38の姿を認めたド

各国の主要戦闘機の性能諸元

国	機名	エンジン馬力	全幅 m	全長 m	全備重量 kg	最大時速 km	航続距離 km
日本	四式一型「疾風」(キ84-I)	2000	11.24	9.92	3890	624	1600
	五式一型(キ100-I)	1500	12.00	8.82	3495	580	2000
	零戦52型(A6M5)	1130	11.00	9.12	2733	565	1920
	「紫電改」(NIK2-J)	2000	12.00	8.89	3900	594	1720
アメリカ	ロッキードP38L	1450×2	15.86	11.53	7950	665	3600
	リパブリックP47	2350	12.43	11.00	6610	704	3170
	ノースアメリカンP51D	1680	11.28	9.75	4585	680	3300
	グラマンF6F5	2100	13.00	10.20	5780	605	2800
イギリス	スーパーマリン「スピットファイア」14	1720	11.23	9.55	3856	721	1800
	ホーカー「タイフーン」B	2180	12.66	9.73	5030	648	1600
ソ連	ヤコブレフYak9	1210	9.78	8.48	3000	600	800
ドイツ	メッサーシュミットMe109G	1800	10.06	8.90	3600	685	1000
	フォッケウルフFw190A	1560	10.49	8.94	3895	611	1300

イツ兵は、
「〝双胴の悪魔〟がやってきた」
と言って逃げまどった。

また、ドイツ軍の後方に、兵器、兵員、物資などを輸送してくるユンカースJu52などの空輸部隊にたいして、P38は赤子の手をひねるように撃墜していった。

もちろん、ハインケルHe111、ユンカースJu88などとの対爆撃機戦闘にも同様に戦果をあげている。

アルジェリア地域への第12航空軍の進出にもP38Fは参加して、一九四二年十一月中にはこの地域の制空権を確保した。こうした作戦協力が、地上の強力なロンメル軍団を苦境に追い込んだということを見逃すことはできない。

一九四三年初頭にも、約五〇機のP38Gが南大西洋を横断して北アフリカ戦線に到着、トリポリ攻撃の側面援助を行なっている。

武装を持たない偵察機Ｆ５Ｂ(P38G 改造)を援護する P38J(後方機)。

爆撃機援護でドイツ上空へ

連合軍のヨーロッパ航空作戦は、北アフリカからイタリアへ向けられた。第12航空軍のＢ17と第9航空軍のＢ24が、四月からイタリア本土の大空襲をはじめ、七月からはシチリア島の空挺作戦も開始された。

この作戦にあたって、Ｐ38Ｈの写真偵察機型、Ｆ５は大活躍をした。イタリア全土の八〇パーセントにわたる空中撮影を行なって作戦立案に役立ったからである。この敵機をまいてしまう高速機による高々度からの撮影は、きわめて戦術的価値が大きく、スピードを誇る日本の一〇〇式司令部偵察機や艦上偵察機「彩雲」と同様に、作戦をきわめて有利に展開した。

一九四三年七月十九日、ローマとナポリにたいする攻撃では、Ｂ17、Ｂ24、Ｂ26が三三三機、それにＰ38が六四機参加して、壊滅的大損害を与えた。すべて、Ｆ５が撮った写真にもとづいて、爆撃目標を決定していたからである。

つづいて、ルーマニアのプロエシュチ精油所など、ドイツ、イタリア軍の重要軍事施設を破壊し、九月からの上陸作戦を援護したのである。イタリア本土の対地攻撃で強さをみせたP38は、P47とともに新しく編成された第15航空軍に所属して〝双胴の悪魔〟ぶりを発揮した。

ボーイングB17によるドイツ各都市の戦略爆撃は、一九四三年三月からはじめられたが、白昼の高々度強行爆撃では損害もかなり大きく、戦闘機の援護の必要が生じた。

十一月三日、航続距離の長いP38H、J両型の新鋭機は、ウィルヘルムスハーフェン爆撃に向かう五六六機のB17をはじめて援護し、爆撃隊の損害をわずか七機にとどめたのである。

その後、援護戦闘機としてリパブリックP47「サンダーボルト」やノースアメリカンP51「ムスタング」も増槽を付けて参加するようになるが、それまではP38の独壇場であったことを忘れることはできない。

ドイツのメッサーシュミット、フォッケウルフ、ユン

ルーマニアのプロエシュチ精油所爆撃に出撃する直前のP38。落下式増槽タンク（左）と1000ポンド爆弾を装備する。

カースなどの戦闘機工場をたたくことになった第8、第15航空軍は、一九四四年二月十九日から二十四日まで、ブランズウィック、ライプチヒその他に大空襲をかけた。第8航空軍の爆撃機はのべ三三〇〇機、戦闘機はのべ二五五〇機（ほかに第9航空軍からも七一〇機以上、および英空軍戦闘機隊も参加）に達する。この戦闘機隊の中に、P38も二個戦闘群が加わっており、P47、P51とともに戦果をあげた。この作戦は〝ビッグ・ウィーク〟と呼ばれて有名である。

また、P47、P51にP38を加えて〝ビッグ・スリー〟あるいは〝リトル・フレンド〟と呼ばれ、連合軍兵士の信頼を集めた。

これより一週間後の三月三日、ベルリン空襲の重爆隊を援護したP38戦闘機隊は、天候が悪化して爆撃隊が引き返したことを知らずにベルリン上空に進入した。これで同市上空にはいった最初の連合軍飛行機は、P38ということになった。

翌四日のベルリン空襲にも、P38は援護していったが、またしても天候が悪く、侵入できたのは重爆二九機と戦闘機隊だけだった。

第8航空軍はつづいて三月六日、重爆六六〇機とP38、P51、P47などの重戦八〇〇機でベルリンを襲った。この作戦で、第8航空軍は重爆六九機、戦闘機一一機の損害を出したが、もちろん、ドイツ防空戦闘隊も八〇機を失っている。

その後たびたびベルリン空襲は行なわれたが、第8航空軍の損害はしだいに減り、ドイツの抵抗も衰えていった。一九四四年九月からP51と交替したといっても、P38長距離戦闘機の第8航空軍重爆隊に果たした役割は大きかった。

戦術の違いで出ないエース

第二次大戦のヨーロッパ戦線に参加したアメリカ戦闘機（援英機は除く）といえば、P38、ベルP39、カーチスP40、リパブリックP47、ノースアメリカンP51、ノースロップP61となるが、このうちもっとも多く使われたのがP47で、つぎがP51、三番目がP38である。

ビッグ・スリーの愛称で呼ばれた戦闘機。上からP38ライトニング、P51ムスタング、P47サンダーボルト。

すなわち、のべ出撃機数がP47の四二万三五〇〇機にたいし、P51は二一万三九〇〇機、P38は一二万九九〇〇機で、これはアメリカから移動した機数自体が大きく違う。

つぎに投下した爆弾量は、P47が一一万四〇〇〇トン、P38

が二万トン、P51が五七〇〇トンである。やはりP47とP38の積載能力の大きさを知らされる。

ところが敵機を撃墜した数は、軽量（と言っても日本なら重戦だが）のP51が圧倒的で、四九五〇機プラス地上破壊の四一三〇機である。P47は撃墜三〇八〇機に地上破壊三二〇〇機だが、のべ機数が多いからP51よりだいぶ率がおちる。これにたいしてP38の一七七〇機プラス七五〇機は、割合に率がいいほうだ。

出撃にたいする損失のほうは、P47がもっとも少なく三〇七〇機、ついでP51の二五二〇機、P38の一七六〇機である。P47の頑丈さとタフネスぶりがうかがわれると同時に、P38の落とされた率の比較的高かったことが知られる。

とはいえ、ヨーロッパ戦線でP38による超エースが、何人かいてもよさそうなものであるが、それが不思議なことに、ほとんど太平洋戦線で出ており、ヨーロッパ戦線ではほとんどP47とP51によるのである。

これはなぜかといえば、戦場が比較的狭いところに、双方から多数機が投入されて食い合いがはげしかったことと、それにP38をもっぱら地上攻撃や爆撃機援護に用いた、という戦術上の違いがある。また、ドイツのフォッケウルフFw190Dが実によくP38、P47を落としたことにも起因している。

さらに消耗戦がはげしいため、パイロットの交替を多く行なったので、撃墜数をかせげないということもあった。そこで二〇機以下のエースは、ヨーロッパからも出ているが、それ以上はリチャード・ボング少佐（四〇機）にせよ、トーマス・マクガイア少佐（三八機）にせよ、また、チャールズ・マクドナルド大佐（二七機）にしても、P38の超エース級はすべて太平洋戦線で生まれているわけである。

日本人としては、格闘性のよくないP38が「零戦」のウヨウヨいる（つまりそれしかないということだが）太平洋戦線で、なぜそれほど活躍できたのか、と不思議に思われるが、事実はときどき奇態なことをする。

日本人から〝ペロ八〟（ペロリと落としやすい三八を縮めて言ったもの）とバカにされたP38は、ヨーロッパではもちろん太平洋でも、どっこい根強く点をかせいでいたのだ。

第2次大戦のアメリカ軍のトップ・エース2人。左がリチャード・ボング少佐(40機)、右がトーマス・マクガイア少佐(38機)。共にP38で太平洋戦線で戦った。

ヤンキー好みの戦闘機

P38は、まったくアメリカ

軍のパイロット好みの戦闘機であった。双発双胴双尾翼三車輪式という、当時として超ユニークなスタイルに、まずひと目ぼれして、スマートな液冷エンジンに心を奪われた。そして時速六〇〇キロ以上の高速で追いかけ、ダイブして一撃、時速八〇〇キロ以上の加速ダイブで離脱していく。

これほどヤンキー気質に合った飛行機はないであろう。

彼らヤンキーの身体は五Gくらいの荷重は平気だし、とにかくスピードで押すのが大得意だ。

P38のエース、ジェラルド・R・ジョンソン陸軍中佐（二二機撃墜）は、

「P38は、実用降下速度が九〇〇キロを超えるから、適当な高度さえあればまず追いつかれる心配はない。敵をみるみる離す快感は、これでなくては味わえない。空戦にしても、コツさえ覚えれば簡単に勝てる」

と胸を張って言った。

ただこのコツを覚えることの早い遅いが、エースを生むか、撃墜されて消えるかの明暗を分けたと言えよう。P38はこのようにたたえられた反面、

「アリソン・エンジンはダメだった。油もれはするし、トラブルが多過ぎた。タービンも高空で故障すればもうおしまいさ。やはり空冷星型のほうが安心だ」

という声もあった。

たしかに、ノースアメリカンP51も原型のA型はアリソンを付けて、援英機としても見放

されてしまったが、B型でロールスロイス・エンジンを付けたら、とたんにすばらしくなり、たちまち大量発注を受けている。

もし、P38もロールスロイスのような高性能の液冷エンジンを付けていたなら、もっともっと評価を高めていたにちがいない。

いずれにしてもP38は、第二次大戦前に登場してじゅうぶんなテスト期間をもち、ヨーロッパと太平洋の両戦線で終戦まで使われた、まことにラッキーな戦闘機だったと言える。

P38が人類初の音速突破？

もう一つ、特異なエピソードとして、J型と思われるP38がテスト・パイロットのベンジャミン・ケルゼイ中尉の操縦により、一九四四年三月、計器速度で時速一二〇〇キロを〝突破したらしい〟ということがある。

これは今でいえばマッハ一で、人類初の音速突破ということになるが、時速九五〇キロを超えると、当時の計器の針は狂ってきて、読みが怪しくなってくることが判明して、もちろん公認にはならなかった。

いかに、ダイブで時速九五〇キロを超えたといっても、P38の機体では、圧縮波の影響から時速一一〇〇キロ以上は出なかったろうし、あるいはまた破壊してしまったであろう。

しかし、P38の頑丈さとパイロットの強靭さを伝える、いかにもアメリカ的なエピソードと言えよう。

6 山本長官機を撃墜！

太平洋戦線で活躍したP38

P38「ライトニング」がその特異な姿を太平洋戦線にあらわしたのは、一九四二年（昭和十七年）十二月末のことである。これは同年八月から引き渡しのはじまったG型である。この少しあと、同じタイプが南大西洋を横断して、直接、北アフリカ戦線にかけつけたというだけに、航続距離は三九〇〇キロもあり、当時のいかなる単座戦闘機もかなわなかった。

太平洋戦線にあらわれたP38Gは、マッカーサー大将指揮下の南西太平洋方面連合軍に所属する第5航空軍で、その数は当初五〇機であった。これらは第49戦闘機群に編入されて、ニューギニアに進攻する日本軍に備えた。司令部はブリスベーン（オーストラリア）で、司令官はジョージ・C・ケニー少将である。

当時、日本では運動性のよくないP38に軽蔑の眼を向けていたが、ポートモレスビーを空襲した二五機の海軍一式陸攻と「零戦」は、その判断が誤っていたことを悟ることになる。

る)。

日本軍機は合計五機を撃墜されて、P38を一機も落とせなかったからだった(米軍記録による)。

しかし、このP38による第9中隊にはアメリカ最高のエース、リチャード・ボング少尉(当時)がいて、二機を撃墜したというのだから満ざら誇大でもなさそうである。彼はその後、合計四〇機の日本機を落としているのだから……。

翌一九四三年(昭和十八年)一月七日、ボングは、ラエに向かう日本船団を攻撃するアメリカ爆撃隊の護衛に加わって、迎撃してきた「零戦」二機を撃墜した。さらに、三月三日、十一日、二十九日に一機ずつ加えたうえ、四月十四日には一〇機目のスコアを記録して、ついにダブル・エース(五機でエース、その倍のエース)となっている(四月六日付で中尉に昇進)。

足が長く、攻撃力も大きいP38は、「零戦」をはじめとする日本の戦闘機と高々度で互角に近い空戦をすることができ、さらにものすごいダッシュ力で爆撃機などの大型機に一撃離脱をかけ、抜く手も見せず撃墜した。これで、太平洋方面のアメリカ機としては、最高の撃墜率を誇ったと言われる。

しかし、低高度の空戦では運動性のおちる同機がしばしば格闘戦に誘いこまれ、無理な旋回を行なって失速ぎみとなり、そこをねらわれて撃墜されることが多かった。やはりP38の特質をのみこんでいないパイロットは、功をあせって「零戦」の術中にはいり、軽くひねられてしまうのである。

ガダルカナル島に揚陸されるP38。夜間攻撃用で黒く塗装されている。

一九四三年の四月なかば、ソロモン方面で日本軍と血みどろの戦いをつづけていたアメリカ軍は、P38やヴォートF4Uをここへ集結して、一挙に戦況を有利に展開しようとはかっていた。

解読された日本の暗号

ニューブリテン島ラバウルの日本航空部隊は、二個飛行師団からなる陸軍第四航空軍と二個航空戦隊からなる海軍第十一航空艦隊で組織されていた。その他の「零戦」、九七艦攻、一式陸攻などの日本機は、ラバウルからニューギニアと北部ソロモン群島へひろがっている各航空基地においてあった。

山本五十六連合艦隊司令長官は、司令部をラバウルに設け、この地域の航空部隊の指揮をみずからとった。日本海軍はビスマルク海海戦で敗れ、この時期になると連合軍の優勢が目立ってきていた。それを挽回する目的で、使用可能な全飛行機（三五〇機）をあつめ、ニューギニアとソロモン群島にある連合軍の船舶と航空基地に航空攻撃を実施する〝い号〟作戦を、四月七日から開始したのである（長官は六日にラバウルへ進出）。

しかしこの作戦は、かつてのように一騎当千のパイロットがほとんど残っておらず、練度の低い者たちで行なわなければならなかったので、いかにも苦しい立場にあった。

これにくらべ、連合軍のパイロットは、いったん後方へ引っ込んでいた経験者が、ふたたび前線に復帰したり、じゅうぶんに訓練された者が増援されたりで、非常に強力であった。だから、日本軍の戦果は思ったほどあがらず、また損害も大きかった。

司令部は、連合軍飛行機を一三四機撃墜し、損害は四九機、さらに各基地で撃破多数、艦艇や船舶も撃沈破したと発表したが、事実は日本軍パイロットが報告したような数に、ほど遠かったのである。

山本長官は、この誤った報告を幕僚を通じて知らされ、〝い号〟作戦はほぼ成功しているものと思い込んだ。

「本作戦で奮戦した将兵にねぎらいの言葉をかけるとともに、つぎの作戦の討議をしたい」

四月十三日、彼は幕僚たちにこう告げると、飛行計画を立てさせた。

ブーゲンビル島のブイン基地にいる第十七軍司令百武《ひゃくたけ》晴吉中将と作戦討議をするとともに、ブイン基地の視察をしようというこの発想は、決して間違っていない。しかし、ガダルカナルでの敗戦とヘンダーソン飛行場および新鋭機群（P38、F4U）、新手《あらて》のパイロットというアメリカ側の重要なファクターをきれ者の山本長官が考慮に入れなかったというのは、いったいどうしたことなのだろうか。

それはともかく、四月十八日にラバウルからバラレ、ショートランドを経てブーゲンビルのブインへ飛行する計画が決まり、出発と到着時刻も精密につくられた。長官は時間の厳守についてまことにやかましかったから、それこそ分刻みでやらなければならない。

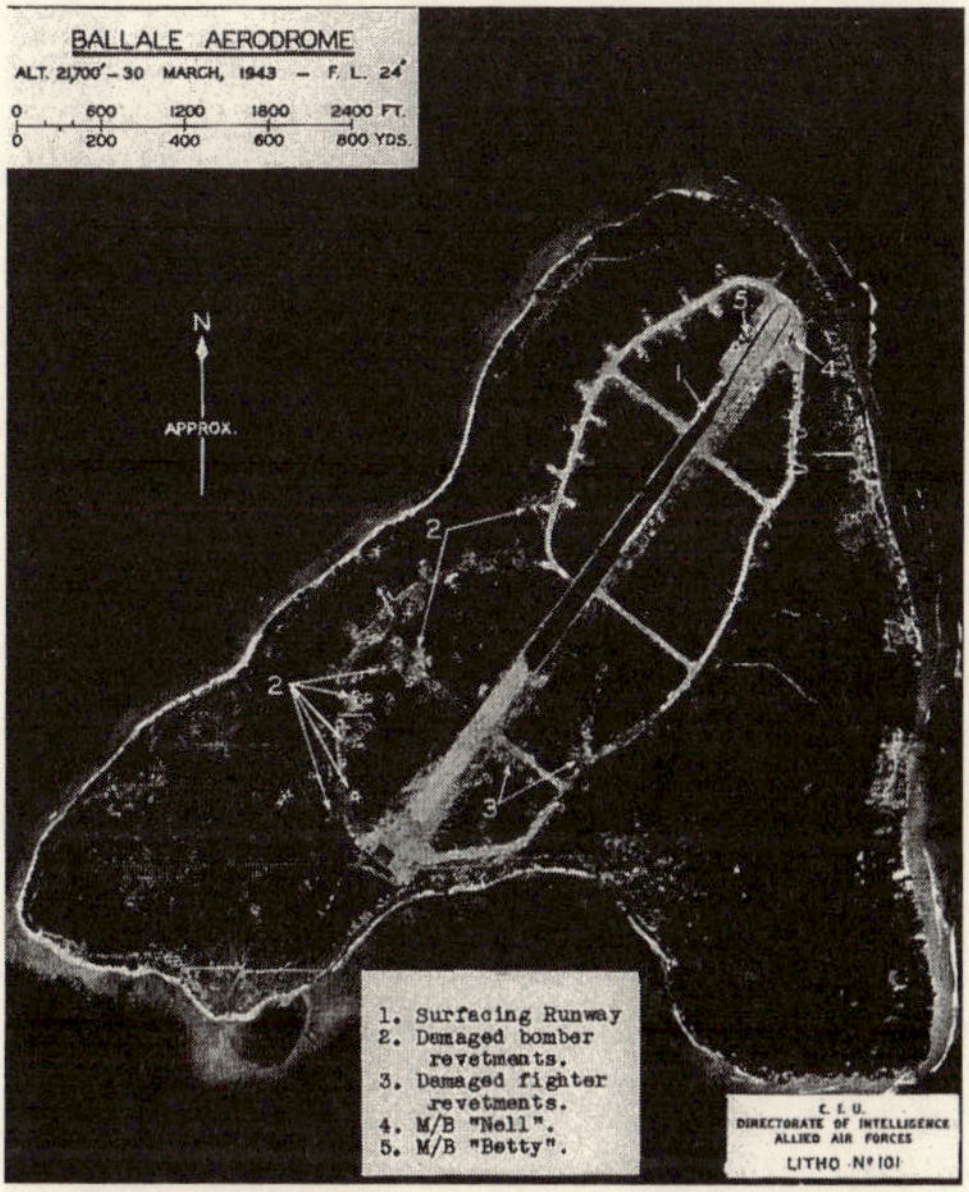

1943年3月30日、山本長官の到着予定の19日前に撮影されたバラレ飛行場。滑走路および周辺の掩体壕の破壊状況や九六陸攻、一式陸攻が高空写真によって確認されている。

この極秘の暗号通信をアメリカの戦闘情報部隊が傍受し、暗号を解読してしまったのである。この暗号の解読者はアルバ・ラスウェルだった。

「その翻訳を上官に提出したとき、私は、その中に秘められた爆弾を手渡しているのだという実感をもった。その電報が伝えたものは、山本長官がソロモン群島へ士気鼓舞のために旅行をする、という計画だった。それには彼（山本長官）の日程の詳細が記されていて、前線への第一回目の訪問であることも示していた」ラスウェルは、回想録でこう述べている。

悲壮！ 山本長官の戦死

山本長官の戦略・戦術上の才能は、日本にとってきわめて貴重なものと連合軍側では考えていた。当時、日本の指導者の中でできる限り早く殺害するか捕らえるべき重要人物として、最優先リストの第一位にあったといわれる。ちゅうちょなく、山本長官機の迎撃計画が立案された。

ガダルカナルのヘンダーソン飛行場からショートランドのバラレまで七〇〇キロを飛行し、「零戦」とわたりあうことのできる戦闘機は、新鋭の双発双胴ロッキードＰ38「ライトニング」しかない。攻撃はＰ38一八機で行なうことになった。

二機の一式陸上攻撃機（一機に山本長官と幕僚、他の一機に宇垣纒《まとめ》連合艦隊参謀長、北村連合艦隊主計長と他の幕僚が搭乗）は、六機の「零戦」に護衛されて、午前七時四十五分（アメリカ時間）にラバウルを出発することも判明した。

ただちに、ヘンダーソン飛行場のＰ38の第339戦闘機隊に迎撃命令が出された。航続距離を増すため、特別の落下タンクがオーストラリアで急造され、ガダルカナルに空輸されてきた。

四月十八日早朝、飛行隊長のジョン・W・ミッチェル少佐は、一七人の迎撃パイロットにたいし、

「〇九三五に、ブーゲンビル島カヒリの東方三五マイルの予定地点で接触する。必ず撃墜するよう、細心の注意を怠るな。トーマス・ランフィアー大尉はレックス・バーバー中尉とともに山本の一番機をねらえ。ジョー・ムアーとジム・マクラナハン両中尉は二番機にかかれ。そしてあとの一三機は護衛の『零戦』六機にかかれ」

と命令した。

午前七時十分（アメリカ時間）、ミッチェル少佐の率いる一四機のP38G直援隊がヘンダーソン基地を離陸、つづいてランフィアー大尉の攻撃隊四機が発進した。このときマクラナハン中尉の四番機は、車輪がパンクして離陸を中止、さらに空中集合後にも三番機のムアー中尉も燃料系統トラブルで引き返し、残る一六機でバラレ（ショートランド島の東）に向かう。マクラナハン、ムアー両中尉に替わり、直援隊のベスビー・オムルズ、レイモンド・クリン両中尉が攻撃隊をつとめることになる。

一方、午前七時四十五分、二機の一式陸攻はラバウル東飛行場を離陸した。一番機に山本長官、高田軍医長、樋端航空甲参謀、福崎副官の四人、二番機に宇垣参謀長、北村主計長、反野気象長、今中通信参謀、室井航空乙参謀の五人が乗っている。

そのあとを追うように、第二〇四航空隊の「零戦」六機がつぎつぎと舞い上がり、直援の位置についた。第一小隊長は森崎武海軍予備中尉、二番機は辻野上豊光一等飛行兵曹、三番

機は杉田庄一飛行兵長、第二小隊長は日高義巳上等飛行兵曹、二番機は岡崎靖二等飛行兵曹、三番機は柳谷謙治飛行兵曹。

二機の一式陸攻と六機の「零戦」は、進みゆく航路の東南方海上に〝待ち伏せ攻撃〟のため西北に向かい隠密飛行をつづけているP38一六機のいることをまったく知る由もなかった。なぜならそのころ、ブーゲンビル島はまだ日本軍の制空権下にあり、ブインには第二六航空戦隊があったからである。

予定の会敵時刻、午前九時三十五分が迫る。P38の三二の瞳が、西方をきびしくみつめた。そのとき、ミッチェル編隊のダグ・カニング中尉が小さく叫んだ。

「ボギー（敵）、一〇時の方向！」

ランフィアー大尉が左へ瞳を凝《こ》らすと、高度六〇〇〇フィート（二〇〇〇メートル）のところに八つの黒点をみとめ、それが二機の双発爆撃機と六機の戦闘機であることが分かった。彼は右に旋回して高度をとると、ミッチェル少佐の直援隊はいっせいに降下をはじめた。この時点で日本側はブインへ着陸すべく降下をはじめていたが、ようやく刺客に気づいたところだった。

長官機に向かったランフィアー大尉は、そときの模様をつぎのように述べている。

「先頭の陸攻は、急降下して逃れようとした。私はこれをめがけてダイブしていったが、つぎの瞬間、私に向かってくる三機の『零戦』を認めた。まず、これを何とかしなければ、陸攻をつかまえることができないと直感した。

そこで私は、早目に腰だめのまま発射ボタンを押してしまった。驚いたことに、そのとたん、敵機の翼がもげてキリモミ状態にはいっていった。

このとき、他の二機は、私の両側ですぐ発砲できない射線にある。私はそのまま陸攻へ突入していった。陸攻はあわてて反転して旋回した。さらにこれを追ったが、もう木立ちの先端近くまで下降していた。

ところが私の機は、スピードがつき過ぎて発砲に不向きだったので、横すべりさせてスピードを殺し、機銃の作動をたしかめようと発射テストをしてみた。その瞬間、弾丸は陸攻に命中した。右エンジンから火を発し、ジャングルに突っ込んで炎に包まれた」

二番機の陸攻も、ジャングルの上を低くはって逃れようとしたが、やはりP38の攻撃を受けて海中に撃墜された。直援の「零戦」三機も撃墜された。

しかしP38は、完全に虚を衝《つ》いたため、一機を失っただけであった。

1943年４月11日、ラバウルを出撃する零戦を見送る山本五十六長官。い号作戦の前線に連合艦隊司令部は進出した。

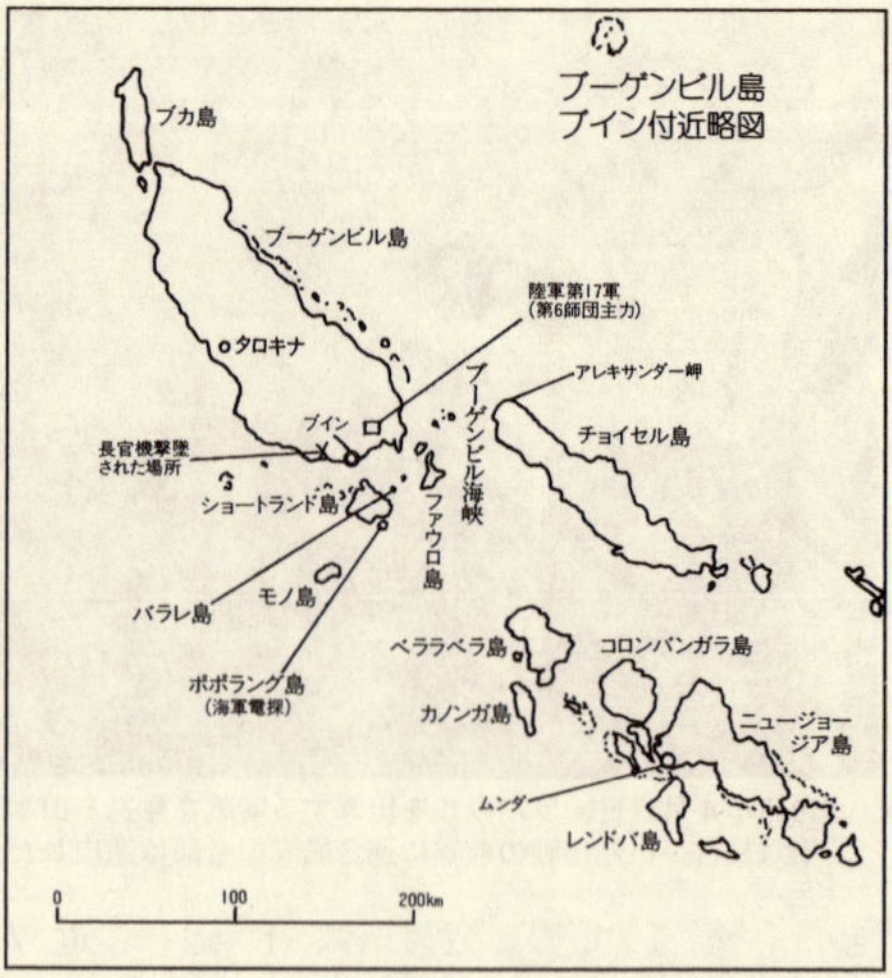

「まさかここまで迎撃してはこまい」

とP38の長距離性および火力を甘くみた日本人の心のゆるみが、このような悲劇を招くことになったのである。

極秘とされたランフィアーの名

ミッチェルにしても、ランフィアーにしても、それが完全に山本長官の搭乗機である、と断定できる材料を持たなかった。あるいは暗号がアメリカ軍をあざむくためのものであったかもしれないし、その二機のどちらにも長官が乗っていないかもしれない。

しかし彼らは、心の中で、

「われわれは使命を果たした。まちがいなく山本長官は戦死した」

と叫んでいた。

それがまちがいでなかったことは、事件後の日本の暗号通信があわただしく、乱れていたことからも推定できた。それから、一カ月たって、日本のラジオ放送も、

山本長官機を墜とし、メダルを受けるランフィアー大尉。

「山本連合艦隊司令長官は、本年四月、前線において全般作戦を指揮中、敵機と交戦し、機上において壮烈なる戦死をとげたり」

と報じたのであった。

もちろんアメリカでも再確認された形で公表された。ただ撃墜者がランフィアーであることは、軍事秘密として終戦まで伏せられていた。うっかり発表すると、アメリカ軍の暗号を逆に探知されて、損害を招くことになりかねないからである。

この事件のあと、日本軍の士気は一段と落ちたように感じられた。一方、アメリカ軍の撃墜率はさらによくなり、逆に日本の航空兵力は坂道をころげるように低下していった。

米軍のエースはＰ38パイロット

エースのリチャード・ボングは、七月二十六日には一人で四機を撃墜して、合計スコア一五機となり、ＤＳＣ（勲功章）を与えられた。

このころから太平洋戦線にもP47「サンダーボルト」が投入されて、P38の活動領域に割り込んできた。P47は落下タンクを付けると、ポートモレスビーからの長距離侵攻作戦に参加することが可能だったからである。

P47のニール・カービイ大佐は、十月十一日に一回の空戦で六機を撃墜し、スコアを一四機としてボングに迫った。しかしボングは、十一月五日のラバウル攻撃に参加、合計撃墜数二一機を記録するといったように、撃墜レースは白熱化していった。

一九四四年(昭和十九年)一月はじめには、ボングが二一機、カービイが二〇機、リンチとウェルシュが一六機となっている。これは、ボングが休暇を取ってウィスコンシン州へ帰って、記録がすえ置かれたためである。

このような情況をみてもわかるように、アメリカのエースたちは、一定のスコアをあげれば新手に席をゆずって故郷へ帰り、恋人とともにのんびりと休暇を過ごし英気を養って、ふたたび前線へ戻るというシステムでのぞんでいた。これにたいし、日本やドイツでは、尉官以下のエースたちは、戦死するか、負傷するまで戦場に止めおかれるという方式であった。そこで、ボングの最終公認撃墜数は四〇機にとどまっている。

アメリカ軍のエースは、一位がこのボング少佐、二位がやはりP38のトーマス・B・マクガイア少佐の三八機、そして三位がグラマンF6Fのデビッド・マッキャンベル中佐の三四機となっている。なおマクガイアは一九四五年一月七日、フィリピンで日本陸軍第七一戦隊の福田則端軍曹に撃墜され、戦死した。またボングも、終戦直前の八月六日、ジェット戦闘機P80のテスト飛行中、殉職している。

ドイツのエーリヒ・ハルトマン少佐の撃墜数三五二機は、ソ連の旧式機を多数入れてのことで、あまり比較にならないが、日本海軍の西沢広義中尉の八七機のスコアとともに、国情のちがいや戦術の差をはっきり知ることができる。

P38と「零戦」の対決

よく、「零戦」のすぐれた格闘性にたいして、P38は高々度以外では手も足も出なかったと言われる。

だが、ボング、マクガイア、ランフィアーをはじめとするP38のパイロットたちは、「零戦」の誘いにのらず、「零戦」編隊の後方から三機以上でしのびより、「零戦」の軸線のやや上に射線を合わせた。「零戦」隊が気づいて上昇反転に移った瞬間に平行射弾を送ると、その未来位置に「零戦」が来てまんまと撃墜したという。

一撃離脱戦法ばかりでなく、アメリカのパイロットは、ベテランを失った「零戦」にたいし、P38の特徴を生かした戦法をいろいろとあみ出して、小回り格闘に対処していたのである。

さらにP38は、爆弾、またはロケット弾を装備した戦闘爆撃機、弾架に特別なコンテナをつるして貨物や人間を運ぶ輸送機、あるいは患者輸送機として使われた。大型機がまだ進出

P 38各型性能諸元

	全幅(m)	全長(m)	全高(m)	エンジン	馬力	最高時速(km)	実用上昇限度(m)	製作機数
XP38	15.85	11.53	2.88	V-1710-11-15		660		1
YP38	15.85	11.53	2.99	V-1710-27-29		624		13
P38	15.85	11.53	2.99	V-1710-27-29		624	7500	30
P38B-C	構想のみ							0
P38D	15.85	11.53	2.99	V-1710-27-29		624	9600	36
P38E	15.85	11.53	2.99	V-1710-27-29		624	10500	210
P38F	15.85	11.53	2.99	V-1710-48-53	1225	632（高度7500m）	11700	527
P38G (F5A)	15.85	11.53	2.99	V-1710-51-55	1325	640（高度7500m）	11700	1082
P38H	15.85	11.53	2.99	V-1710-89-91	1425	656（高度7500m）	12000	601
P38J	15.85	11.53	2.99	V-1710-89-91	1425	688（高度9000m）	13500	2970
P38L (F5G)	15.85	11.53	2.99	V-1710-111-113	1475	664（高度7500m）	13200	3923
P38M	15.85	11.83	3.15	V-1710-111-113	1475	649.6（高度4500m）	13200	（75）

できない前線飛行場に、いちはやく着陸したのはこの輸送型P38だった。

そして終戦直後、厚木飛行場に初車輪を印したアメリカ機は、まさにこのP38であったことを思えば、P38のバイタリティのほどがよくわかる。

7 米ジェット戦の先駆者・P80

ジェット戦闘機P80の開発

超モダンなデザインによって世人を驚かし、第二次大戦でヨーロッパの空に、太平洋にと不敵な翼をひろげてきたP38も、戦争後半、ようやく衰えをみせた。戦闘機の第一線機としての寿命は、いくら改良しても長くて四年である。より総合性能のよいP47、P51に、主力の座を奪われたといっても、ひとつも不名誉なことではない。

一九四〇年代のはじめ、すでに世界航空界の情勢は、ジェット時代の到来を告げていた。ジェット機として正真正銘の第一号機であるドイツのハインケルHe178（一九三九年八月二十七日初飛行）は、ナチ首脳の無定見と軍事機密としてにぎりつぶしにあい、全貌が明らかにされないまま、世界各国は戦後まで知ることができなかった。

第二号はイギリスのグロスターE28／39（一九四一年五月十五日初飛行）で、これは、大戦中ということもあってアメリカにも逐一情報がもたらされた。

このころになると、すでにドイツでは不採用になったが実用ジェット戦闘機、ハインケルHe280が一九四一年四月五日に初飛行しているし、大戦末期に活躍したメッサーシュミットMe262は、一九四二年七月十八日に進空している。

現用のピストン・エンジンのプロペラ戦闘機、P38、P47、P51、F8F（最大時速七三〇キロ）でもじゅうぶんに勝算あると考えていたアメリカも、ヨーロッパ各国でのジェット機開発のテンポの早さに驚き、その開発を急がねばならないと考えた。

そこで一九四一年九月、イギリスのホイットル・ジェット・エンジンを参考にしてゼネラル・エレクトリック社で研究製作させ、これを付けたジェット戦闘機の開発をベル社に命じた。

XP59A「エアラコメット」と名付けられたこの機体が初飛行したのは、一九四二年十月である。Me262が推力八三〇キロのジェット・エンジン二基を両翼下に付けて最大時速八六〇キロだったのにたいし、「エアラコメット」は、推力六三五キロ二基を両翼の付け根下に抱きこんだ中翼巣葉の、最大時速六〇〇キロという平凡なものだった。

アメリカ陸軍当局も、この「エアラコメット」の性能に失望した。

「プロペラ戦闘機より性能がおちるんではどうしようもないな」

「これではとても、メッサーのジェット機に太刀打ちできないよ」

「スピード機に経験の深いロッキードに、ジェットをやらせてみようじゃないか」

「ジェット・エンジンさえいいのがあれば、メッサーより小型でいいものをつくってみせる、

1942年10月、初飛行に成功した米軍最初のジェット戦闘機 XP59。

とジョンソンが言っていた」

ということになり、一九四三年六月二十三日、ロッキード社へ開発命令が出された。

これがXP80単座ジェット戦闘機の第一歩である。

五〇〇〇機の生産命令出る

主任技師の〝ケリー〟ジョンソンは、七月初めからロッキード社の技術を駆使して設計に没頭し、わずか一週間で完了してしまった。

「さすがジョンソン君だ。この流れるようなラインはどうだ！」

「これこそジェット機だ。これまでのどれよりもコンパクトにされている」

と、陸軍幹部の間でも評判になった。

一九四四年一月九日、つまり設計開始から一八三日後には、もう原型一号機を初飛行させたのである。テスト・パイロットのミロ・バーチャムは、こう言った。

「コントロールは実にスムーズで、時速八〇〇キロは楽に

超えることができるだろう」
その言葉どおり、何回目かのテストで最大時速八〇八キロ（高度六一四〇メートル）を記録した。エンジンは、まだイギリスから輸入のデハビランドH1B「ゴブリン」を付けていた。
この成功によって、国産のゼネラル・エレクトリックI40（のちのJ33、推力一八一〇

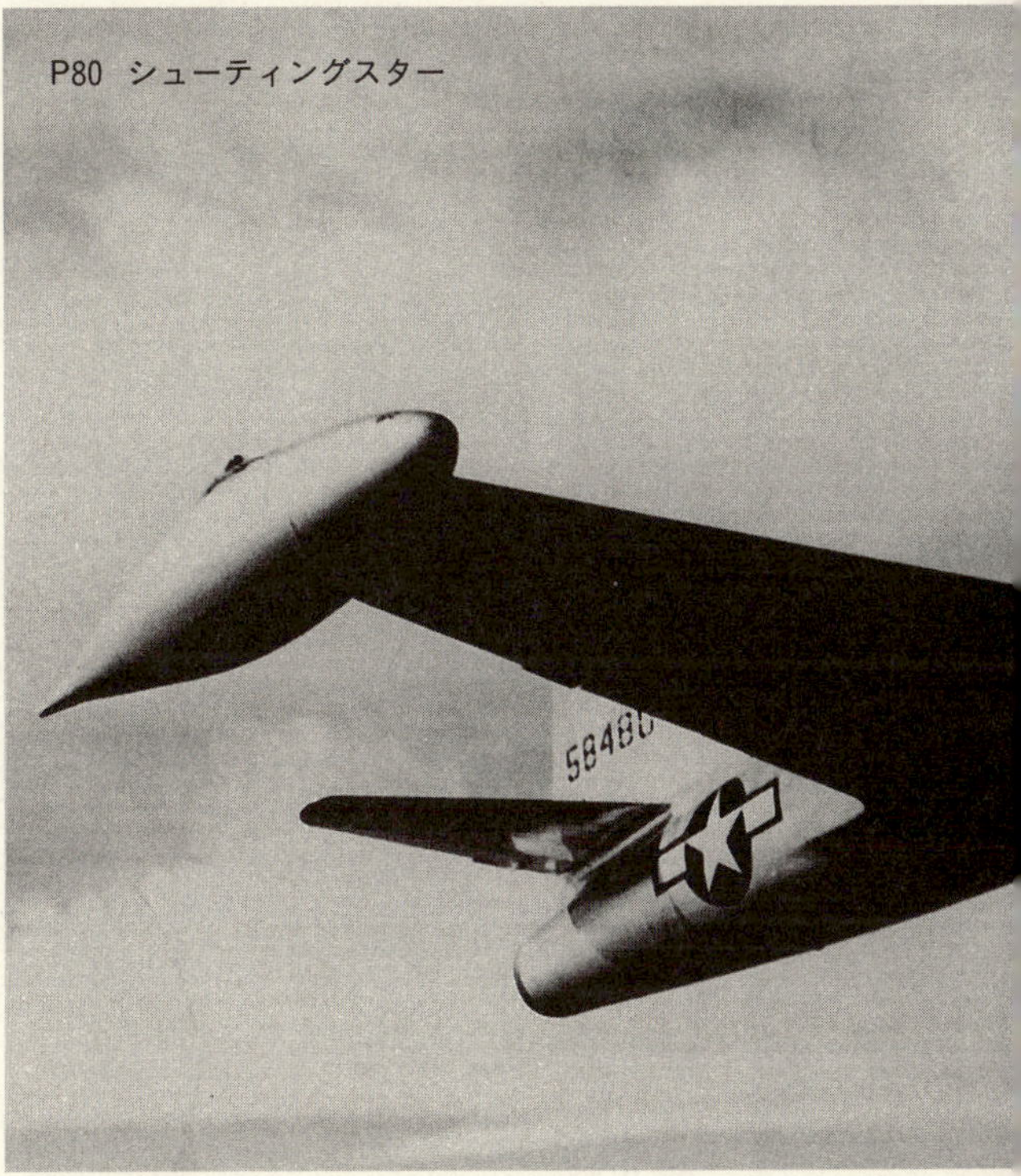
P80 シューティングスター

P80C
エンジン：アリソン J33A23推力2360キロ1基　全幅11.86メートル　全長10.51メートル　主翼面積22.1平方メートル　全備重量6970キロ　最大時速735キロ　上昇時間7600メートルまで7分　実用上昇限度13500メートル　武装12.7ミリ機銃6梃　乗員1名

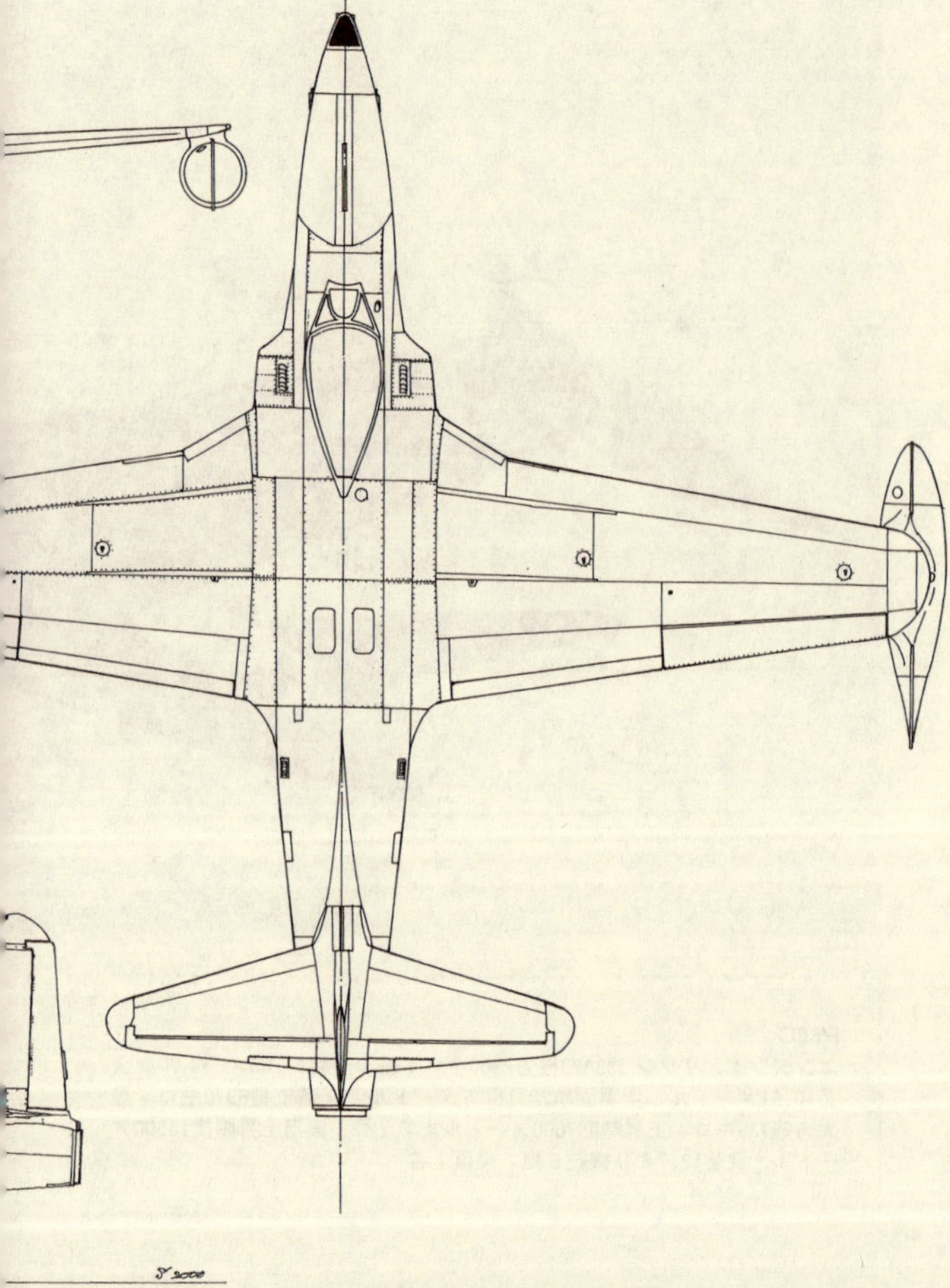

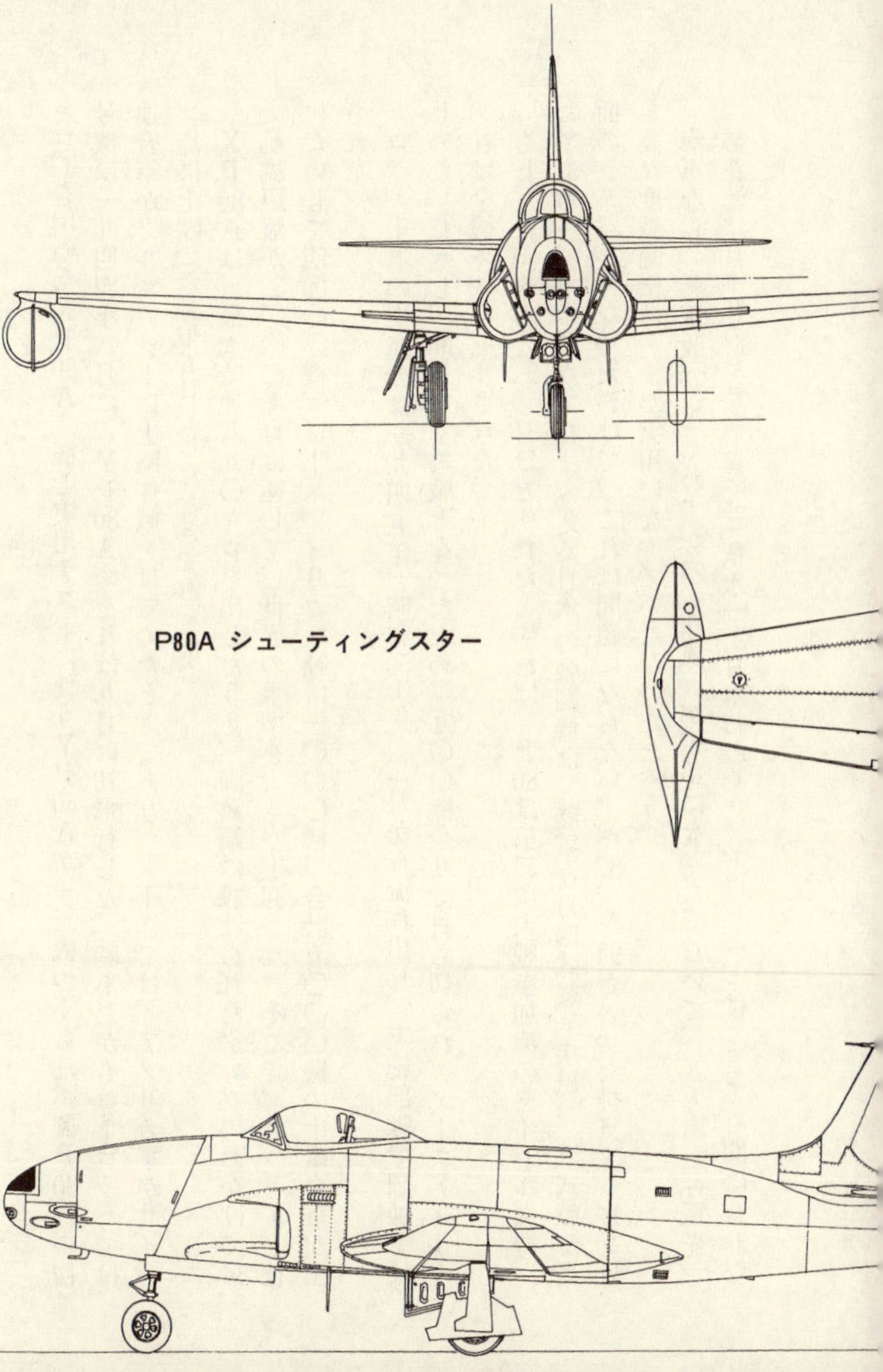

P80A シューティングスター

キロ）を用いたXP80A二機と実用テストに使うYP80Aが一三機つくられ、XP80Aの初号機は一九四四年六月に、YP80Aのそれは九月に初飛行した。時あたかもヨーロッパでは、連合軍がノルマンジーに上陸作戦をはじめたときであり、太平洋では、アメリカ軍がサイパン島に上陸（六月十五日）したときであった。

XP80Aは、最大時速八九〇キロを出したうえ、両翼端に設けられたタンクのおかげで最大航続距離が二〇〇〇キロに達して、世界の水準を大きく上回った。そこで、ロッキード社にたいして四〇〇〇機、ノースアメリカン社に一〇〇〇機、合計五〇〇〇機の生産命令が出された。

ロッキードの生産分は一九四五年（昭和二十年）二月から流れ出し、実施部隊で訓練をはじめた。しかし、間もなく終戦となったため、九〇〇機余りで打ち切られ、ノースアメリカン社は全機キャンセルされた。

もし、終戦があと三ヵ月ほどずれたとすれば、P80は第二次大戦参加機のタイトルを持ったであろう。その時点で相まみえる日本の戦闘機は、陸軍なら四式戦「疾風」、五式戦が当面のライバルとなったわけで、これは問題にならない。キ87、キ94といった排気タービン付き高々度戦闘機は、まだ実用になっていなかっただろう。

海軍なら「紫電改」、ごくわずかの「烈風」が相手になったくらいで、「天雷」「電光」「橘花《きっか》」（日本初のジェット機）「秋水」（日本初のロケット機）などは、とても間に合わなかった。

ということは、超新型機P80の独壇場で、日本は所詮、勝ち目はまったくなかったであろう。たとえジェット機「橘花」がもう三ヵ月早く初飛行し、量産ラインに乗っていたとしても、時速七〇〇キロに満たないスピードでは、追いつくこともできなかったはずである。

ジェット機関の研究はロッキード社でも行なわれた。1940年代初期、ターボエンジン模形を前にしたヒバード(左)。

朝鮮の空に出動したP80

今でこそ、後退翼でないP80「シューティングスター」(流星)は、いかにも古い設計のようにみえるであろうが、出現当時の新しいアイデアに満ちたフレッシュさは強烈だった。

まず空気取り入れ口の位置を、今日の超音速ジェット機でごく普通に採用されているように、主翼前縁付近の胴体両側に置いた。

ついで、主翼後縁の線で胴体を前半と後半に分離し、エンジンを後部胴体の前方へむき出しに見えるようにした。これで機体の整備、エンジンの点検修理が非常にスムーズになり、時間を節約できることになった。

この方式はP80が最初ではなく、日本では中島の陸軍九七式戦闘機ですでに採用されており、その後、「隼」および「疾風」、三菱の海軍零式艦上戦闘機（「零戦」）にも及んでいる。胴体の前後分離方式では、日本の方がパイオニアだったのである。

もう一つ、翼端タンクの装備は一石二鳥というべきもので、ここに付けると翼端の境界層剝離《はくり》（翼に沿って流れる空気がはがれる現象）を防ぐ制御板の役目をすると同時に、抵抗も他の場所より少なく、さらに投下時や撃ち抜かれたときの危険度が低くなった。

このような新しい方法は、のちのジェット戦闘機の型式に大きな影響を与え、圧縮空気取り入れ口やエンジン装備法（後部胴体ごと）は、今日でも踏襲されている。

そこでこのP80を、ロッキード社でこれまでにつくられた多くの機種の中で、ナンバーワンにエポックメーキングな機体とする航空史家もある。

戦後、P80B、P80Cなどに発展し、さらにジェット練習機の傑作T33や全天候複座戦闘機F94、写真偵察機RF80C、海軍練習機TO1、TO2などを生んだ。

一九五〇年（昭和二十五年）六月二十五日、突発した朝鮮戦争は、すでに老旧化しつつあったP80を、限定局地戦場にかり出した。

「ソ連製のミグ15は、トップ・スピードが一〇〇〇キロを上回るらしいぞ」

「われわれの最新鋭F86と同じように、ドイツのジェット技術が取り入れられている」

「鋭い後退翼がそれを物語っているね」

「情報によれば、三七ミリ機関砲一門と二三ミリ機関砲二門も付けているとか……」

「しかし、やってみなけりゃわからん」
アメリカ空軍のパイロットたちは、就役以来すでに五年を経たP80を駆って朝鮮の戦場におもむいた。その多くの者が、ヨーロッパや太平洋戦線で生き抜いてきたベテランたちである。

朝鮮戦争中、敵地上軍にナパーム弾を投下するP80。

P80対ミグ15のジェット機同士、史上初の空戦がついに行なわれた。P80はミグ15一機をまず撃墜したが、その後、軽量で小回りのきくミグ15が、つねにP80の背後に回りこんできた。ジェット戦闘機といっても、まだ完全なジェット戦術体系に至っていなかったし、設計も古くなっていたことは致命的だったのである。

国連軍総司令官マッカーサーは、就役したばかりの本格的後退翼ジェット戦闘機、ノースアメリカンF86「セイバー」の出動を要請、

その戦場投入によってぐっと優位の態勢にもちこむことができた。
　戦闘機というものは、その出現のタイミングによって大きく運不運が分かれ、評価を高めたり低めたりする。P38とちがって、引退間近なP80の軍事出動は、いささか気の毒であったが、ジェット戦闘機の基礎をつくったその名機たるゆえんは、い

PV2 ハープーン

ささかもゆるぎはしない。

「ネプチューン」シリーズの開発

さきに、ロッキード「ロードスター」輸送機を、哨戒爆撃機に改造して「ベンチュラ」と名付けて第二次大戦に登場させ、米英両国を大いにたすけたことにふれたが、大戦の進展にともない、米海軍はより多くの搭載量と航続力の必要を感じて、ロッキード・ベガ社（傍系会社）に「ベンチュラ」PV1の改良案を指示してきた。

ベガ社では、胴体とエンジンはそのままにして、主翼の翼断面を変え面積をややふやしたPV2を設計し、「ハープーン」（銛《もり》）と名付けて、大戦の中期から生産にはいった。

翼面積がふえた結果、最大時速は四八五キロと少し落ちたが、搭載量は二トンもふえて武装強化され、全備重量が一六トンにもなった。一九四五年初めから南太平洋海域に現われて、島々の低空爆撃にも参加し、同年末までに総計五三五機つくられている。

その一部が一〇年後、日本の海上自衛隊に供与されたが、「ハープーン」としては、いささかくすぐったい気持ちがしたことであろう。

このようにすぐれた「ハープーン」ではあったが、アメリカ海軍は一九四三年の後半、つまり対日総反攻に拍車がかけられたころ、これからの海洋作戦にともなう戦略上の要求からすれば、もっと強力な哨戒爆撃機が必要と痛感しはじめた。

そこで一九四四年にはいると、ロッキード・ベガ社にたいし、

「ロケット弾攻撃、夜間魚雷攻撃、機雷敷設、超低空爆撃、写真撮影偵察も可能な、大航続力をもった最小の陸上哨戒機XP2V1を開発せよ」

と命令したのである。

ベガ社では、このことを予期していたので、その設計は急ピッチに進み、一九四五年春には早くも、原型第一号機を完成させた。そして五月十七日、バーバンクで初飛行にもちこん

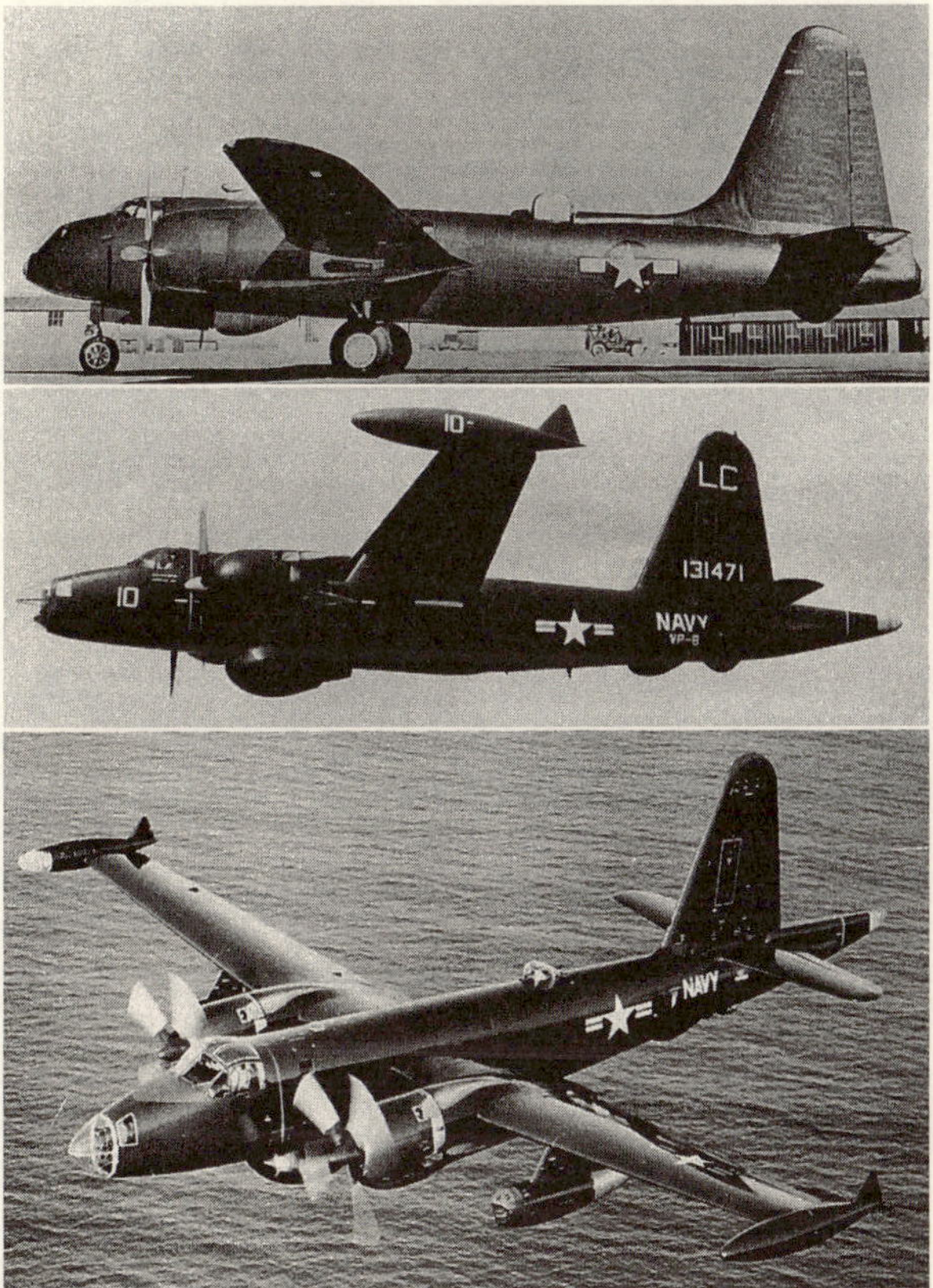

哨戒爆撃機として絶大な性能を発揮したXP2V1(上)。P2V5Eネプチューン(中)。P2V7(下)、海上自衛隊にも同機が貸与された(P2Jは別機)。

だ。

　ところが、実用テストをはじめてすぐ、太平洋戦争は終結した。やや気の抜けた感がないでもなかったが、米海軍は、

「この機体こそ、大戦終結による緊張の緩和を守護するものである」

として、開発のより熱を入れた継続をすすめた。

　こうして一九四六年中ごろまでには社内テストもす

P2V3 ネプチューン

P2V3
エンジン：ライト R3350-8 離昇2300馬力 2 基　全幅30.48メートル　全長23.76メートル　主翼面積92.90平方メートル　全備重量22.730トン（最大29.100トン）　最大時速531キロ　航続距離6300キロ　武装20ミリ機関砲 6 門、12.7ミリ機銃 2 梃、爆弾3.63トン

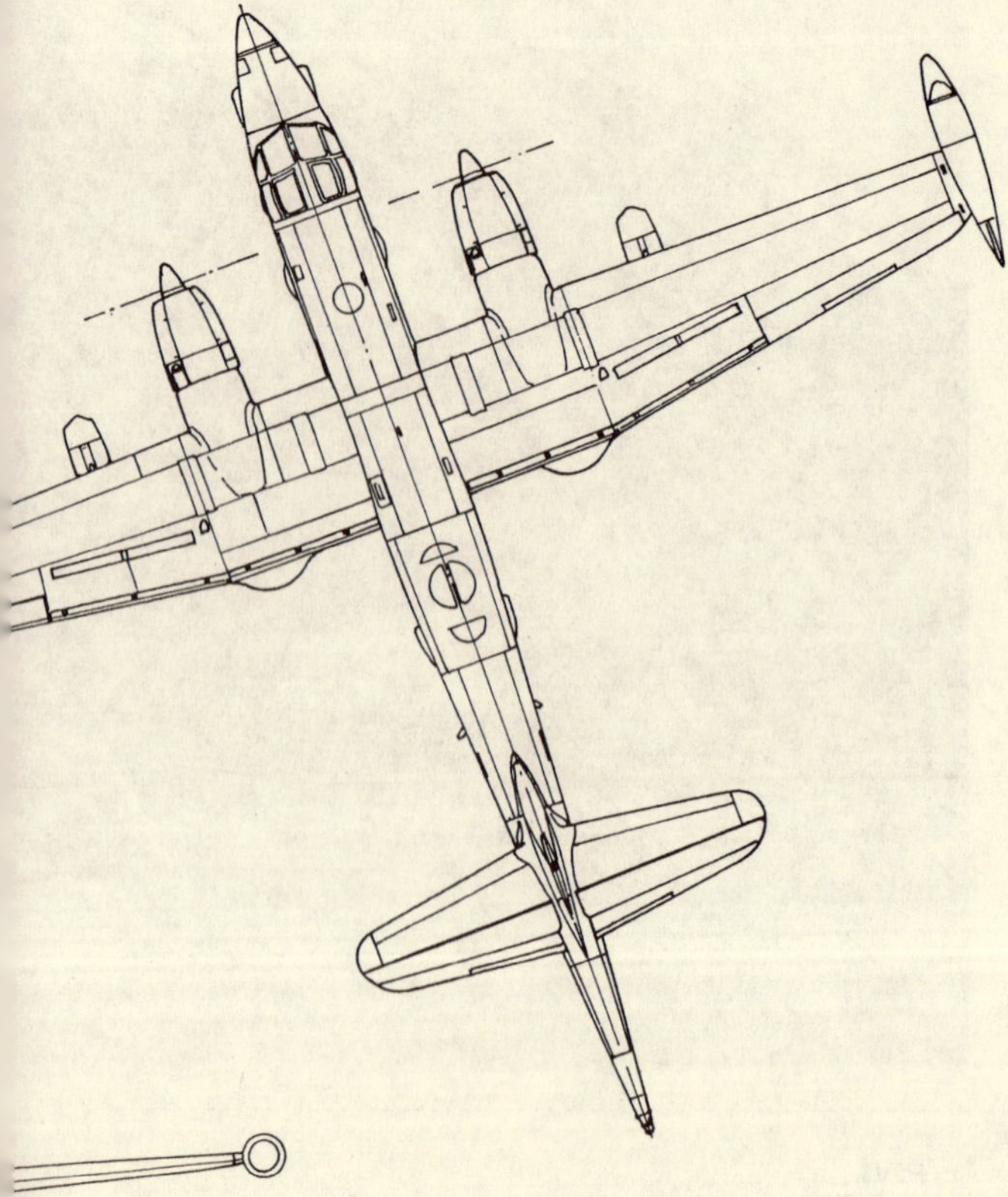

P2V7 ネプチューン

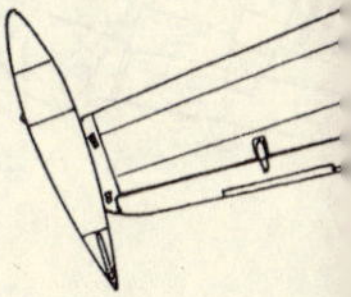

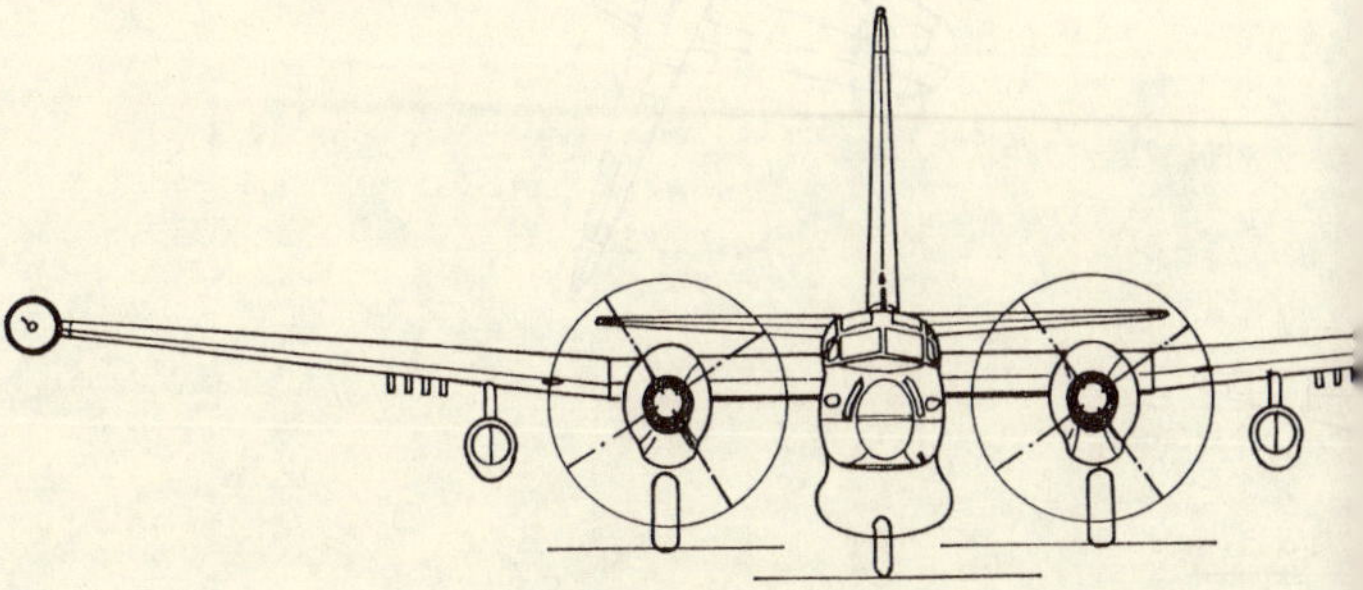

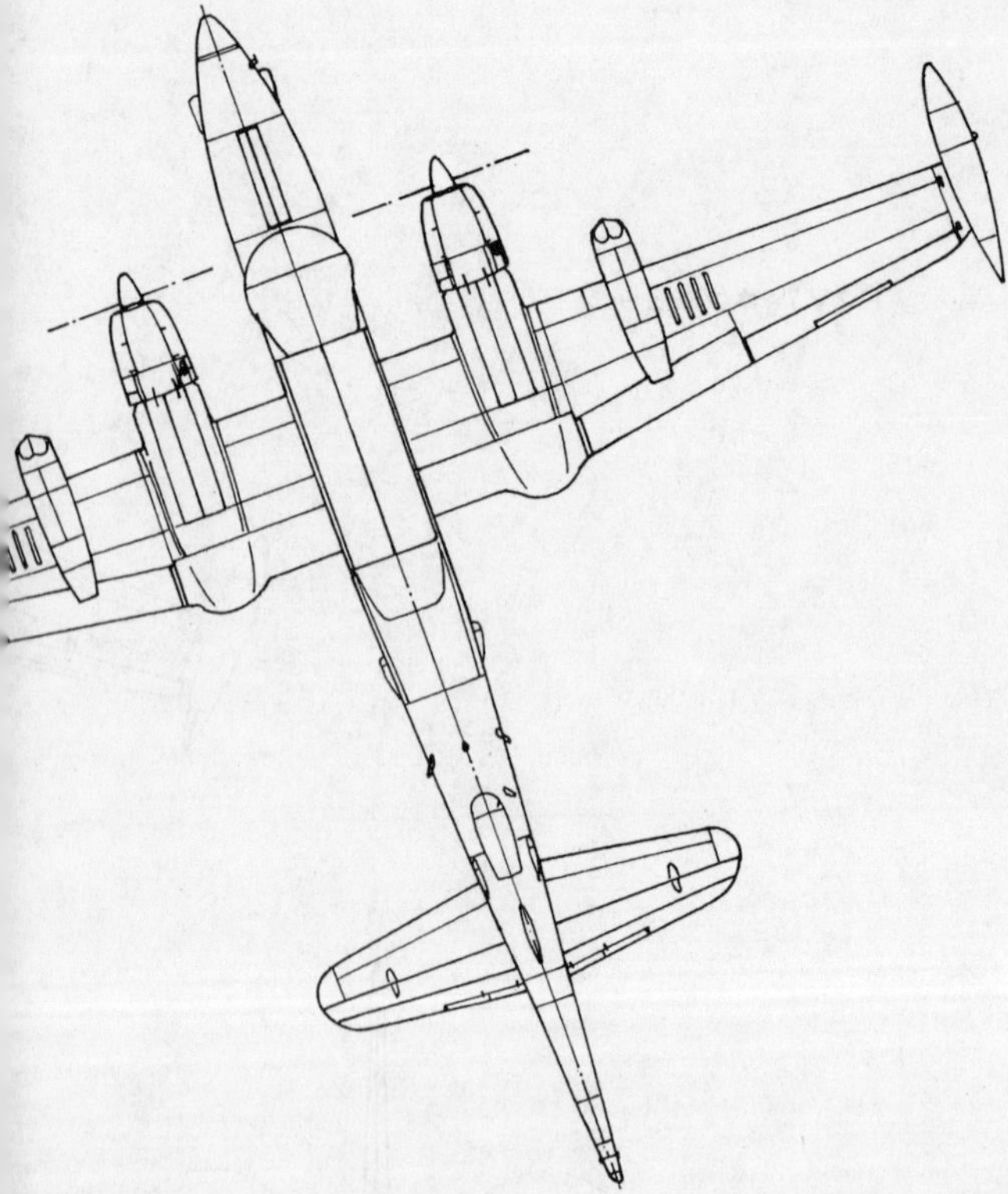

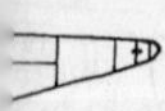

S

P2V7 ネプチューン

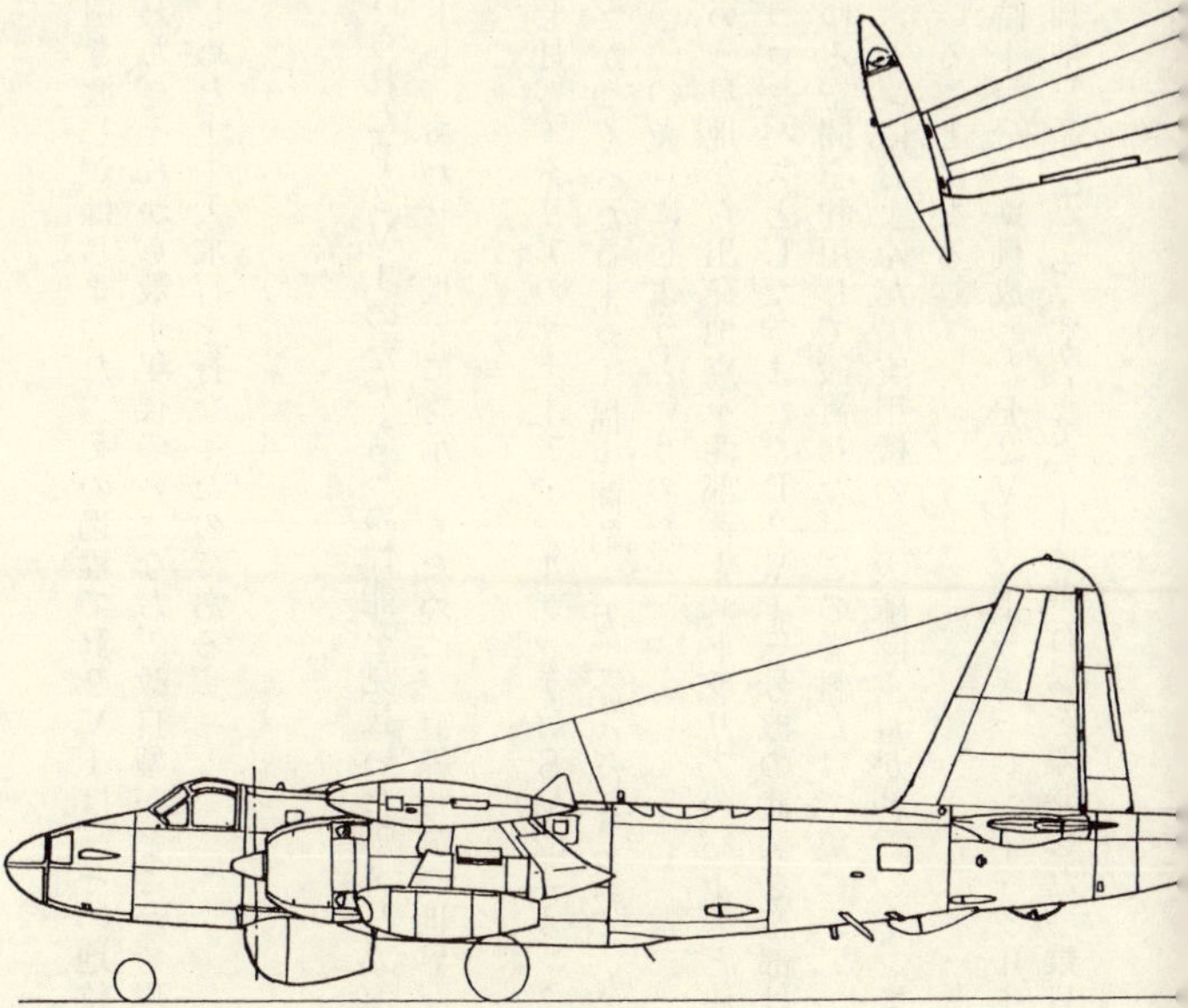

み、一九四七年九月から量産型の引き渡しがはじまった。その過程でP2V1は、その地位を確固不動のものとした――すなわち、それから数十年後のいまなお、改良型がどこかで現役で使われているという機体ならしめた――大飛行を行なったのである。

三号機で世界記録を樹立

「ネプチューン」(海神)と名付けられたP2V1のただならぬ性能を見抜いたアメリカ海軍当局は、その長距離性能をテストし、あわせて世界に誇示するために、直線距離の世界記録をつくらせようと考えた。

それまでの記録は、一九四二年七月、イタリアのサボイア・マルケッティSM82「カングーロ」三発機(爆撃機改造長距離機)がつくったローマ~福生間約一万二〇〇〇キロだった。こんどはそれを大幅に破る一万八〇〇〇キロにしようというのだ。

そこでまず、追風を利用するという見地から出発地点を西部オーストラリアのパースと決め、終着地点は一応、オハイオ州コロンバスとした。また。P2V1三号機の武装を全部はずし、増加タンクを機体内のあらゆる空間を利用して設置した。この燃料だけで実に二二・九トンに達し、全備重量は三八・六トンにおよんだ。実用機の最大離陸重量が約三〇トンであるから、九トンもオーバーしていることになる。

一九四六年九月二十九日午前十時十一分、準備成ったP2V1〝トラキュレント・タートル〟号は、三個のRATO(離陸補助ロケット)をふかしてパース飛行場を離陸した。乗員はT・D・デビス(機長)、E・P・ランキン、W・S・レイド、R・H・テープリングの四人である。老練なパイロット、デビス機長は、しだいに高度をとって西風に乗り、アメリカ本土へ機首を向けた。

その直後起こったものすごい振動！　破裂音。

「凍結だ、スイッチ・オン」

凍結防止装置がすぐ入れられた。

このときはまだ燃料満載の状態だから、一瞬、全員ヒヤリとしたという。

また、このときの抵抗増加のため、思わぬ燃料を消費したとも言われる。

その後は順調な飛行をつづけ、オハイオ州に向け大圏コースを飛行して、五五時間一七分後、無事コロンバス飛行場に着陸した。総距離は一万八〇八二キロ。発表当時、一万七九七六キロと言われていたが、その後、前記の記録に修正された。着陸後の燃料は、あと四五分間分だけであった。

この直線距離無着陸飛行の世界記録達成によって、P2Vの声価は、アメリカのみならず世界的に高まり、戦後の傑作哨戒機として長く名を留めることになったのである。

そしてP2Vの1から7までの改良型が生産され、日本の海上自衛隊へも7型が貸与されたことは、周知のとおりである。なお、川崎航空機ではこれを国産化生産し、その後、改設計して性能向上型としたものをP2Jと呼んでいる。これは国産のJ3-8ジェットエンジン二基を両翼下に装備し、最大時速も五五六キロを出す。

8 旅客機のジェット化に遅れる

ヒューズの依頼した四発旅客機

億万長者ハワード・ヒューズの飛行機好きは、乗って記録をつくることから、旅客機をつくって航空会社を経営することへと発展していく。

太平洋戦争がはじまる少し前、アメリカンとユナイテッドという国内航空の二大エアラインに迫ってきたTWA（トランス・ワールド・エアラインズ）の株を買いあつめ、実権を握りはじめたヒューズは、米大陸横断の路線に新鋭旅客機を投入して、一気に他社を追い抜こうと考えた。

ちょうどTWAの社長ジャック・フライも、かつてボーイングの亜成層圏旅客機308をはじめて就航させるなど、新しい機種を採用することに熱心な男だった。ヒューズとも、

「ここでユニークな機体を登場させて、客を吸収しようじゃないか」

と意見が一致した。

よりスピードのある高性能旅客機をすぐに開発できるメーカーといえば、ロッキード社をおいて他にない。それに、ヒューズは自分の飛行機工場を、ロッキード社工場内に置いている。

「ケリー（ジョンソン）君、P38が大陸横断でつくった記録（七時間）と同タイムで、数十人の客を運べる飛行機をつくってもらいたいんだが……」

「えっ⁉ それは難問だ」

「なに、少し前に、きみたちが設計だけしておいた『エクスカリバー』という四発があったろう。あれを発展させればいいじゃないか」

「ほう、よくご存知で。ひとまわり大きくして、エンジンを強化する……」

ジョンソン技師がぐっと乗り気になったそのそばから、ヒバード設計主任も口をそえた。

「モデル44（『エクスカリバー』）は、戦争さえなければ完成していたんだ。このさい、ハワードさんの言うようにカムバックさせて、業界をアッと言わせようじゃないか」

「よし、決まった！　一九四二年いっぱいに原型をつくりあげてもらいたい。必要な金は私のポケットマネーで出す」

ヒューズの顔は紅潮していた。

彼は、この計画になみなみならぬ情熱を注いでいたのだ。それにあおられたように、ジョンソン、ヒバードの二人はモデル44の改設計に取り組んで、わずか数週間でまとめ上げた。

これにモデル049「コンステレーション」（星座）の名が与えられ、ロッキード首脳たちの前に図面が広げられた。ひと目見たヒューズは、すっかり興奮してふるえていた。

それはまるで、魚と鳥をメカニズムで交尾させたような、ハチュウ類的なスタイルと甘いムードをもっていたからだ。会議室から「ほうっ」というため息が、しばらくの間もれつづけた。

「零戦」より高速の輸送機！

TWA の実権を握り、コンステレーションを好んで採用したハワード・ヒューズ(左側)。

「コンステレーション」の主翼は、全幅三七・五メートルの大型にもかかわらず、P38「ライトニング」の形状をそのまま拡大したような、いかにもスピード感をみなぎらせていた。それに、全長二八・九メートルの胴体は、魚のマスを思わせるほっそりした線を持ち、その尾部に小型の垂直尾翼を付け、水平尾翼の両端にも「エレクトラ」以来の卵型垂直尾翼が二枚付いていた。つまり、小型の形のいい垂直尾翼が三枚付いていた。

エンジンは、当時として最強力のライト「サイクロン」18空冷星型複列一八気筒二二〇〇馬力を四基付け、全備重量は四二・七トンであった。乗員七人

1943年、コンステレーションを改造して、「零戦よりも高速の輸送機」と騒がれたロッキードC69輸送機。TWA向けの機体が軍用に徴用された。

に乗客三〇人(寝台)~四八人~六四人で、気密式の与圧客室である。

最大時速は五五〇キロ、巡航時速が四八五キロ、上昇限度は約八〇〇〇メートル、航続距離は約五〇〇〇キロという青写真は、ヒューズをはじめフライ社長、幹部たちを有頂天にさせた。

「はじめはTWAが使うとして、四〇機すぐにつくってくれ」

とヒューズが叫ぶと、

「とんでもない、一七〇〇万ドルもいちどきに払えませんよ」

とTWAの重役はあわててさえぎった。するとヒューズは言った。

「いや、私が出す。フライ君、これでTWAはナンバーワンになれる」

ヒューズの頭の中には、満員の「コンステレーション」が大西洋を横切り、TWAが黒字つづきとなる空想でいっぱいだった。

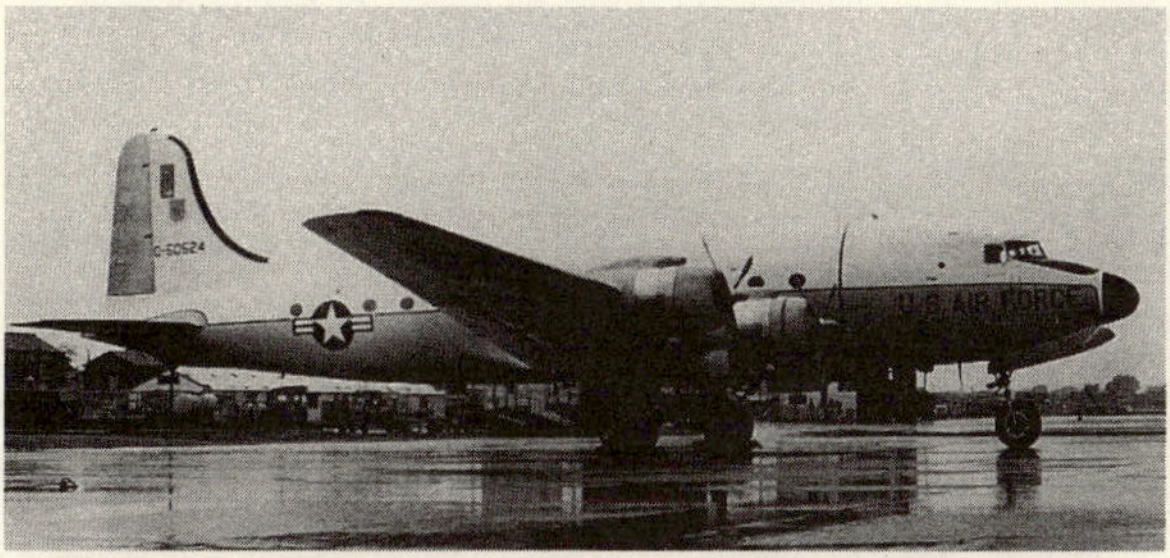

ダグラスDC 4旅客機を改良、米陸軍が用いたC54輸送機。高速に強いロッキード社の社風をうけて、C69はC54より100キロ以上も速かった。

しかし、太平洋戦争は、「コンステレーション」を民間旅客機として使うことを許さなくなっていた。

一九四三年（昭和十八年）一月九日、バーバンク飛行場で初飛行に成功した原型一号機の高性能ぶりに目を見張った軍は、ただちに軍用輸送機C69として、TWA向けの四〇機とパン・アメリカン向けの四〇機、全機を徴用し、生産させることになった。

翌日の新聞「ヘラルド」の一面に、「ゼロ（『零戦』）よりスピードのある戦闘機のような輸送機ができた！」と大見出しで書かれた。

当時、ガダルカナルで日本軍と死闘を重ね、「零戦」にまだいためつけられていた最中であったから、「零戦」21型よりも速い（52型と同じくらい）C69の出現に、大いに溜飲《りゅういん》を下げたのであろう。また、そのこととは別に、これほどの大型機でこれだけの性能をもつ飛行機はどこにもなかった。

すでに五年前に初飛行していた、ダグラスDC4四発旅客機とは比較にならないが、その後これを改良したDC4

C69 C54A(カッコ内)
エンジン：2200(1290)馬力４基　全幅37.5(35.8)メートル　全長29.0(28.6)メートル　主翼面積153.3(135.6)平方メートル　自重22.907(16.782)トン　全備重量32.659(28.23)トン　最大時速531(426)キロ　実用上昇限度6700(6700)メートル　航続距離3900(6300)キロ

L649 コンステレーション

A（陸軍名C54A、一九四二年三月二十六日初飛行）とくらべてみると、その高速力が際立った。（右ページ要目参照）

経営難を救った「コンステレーション」

C69となった「コンステレーション」は、陸軍から二六〇機（TWAとPAAからの徴用分を含む）の大量発注を受けた。

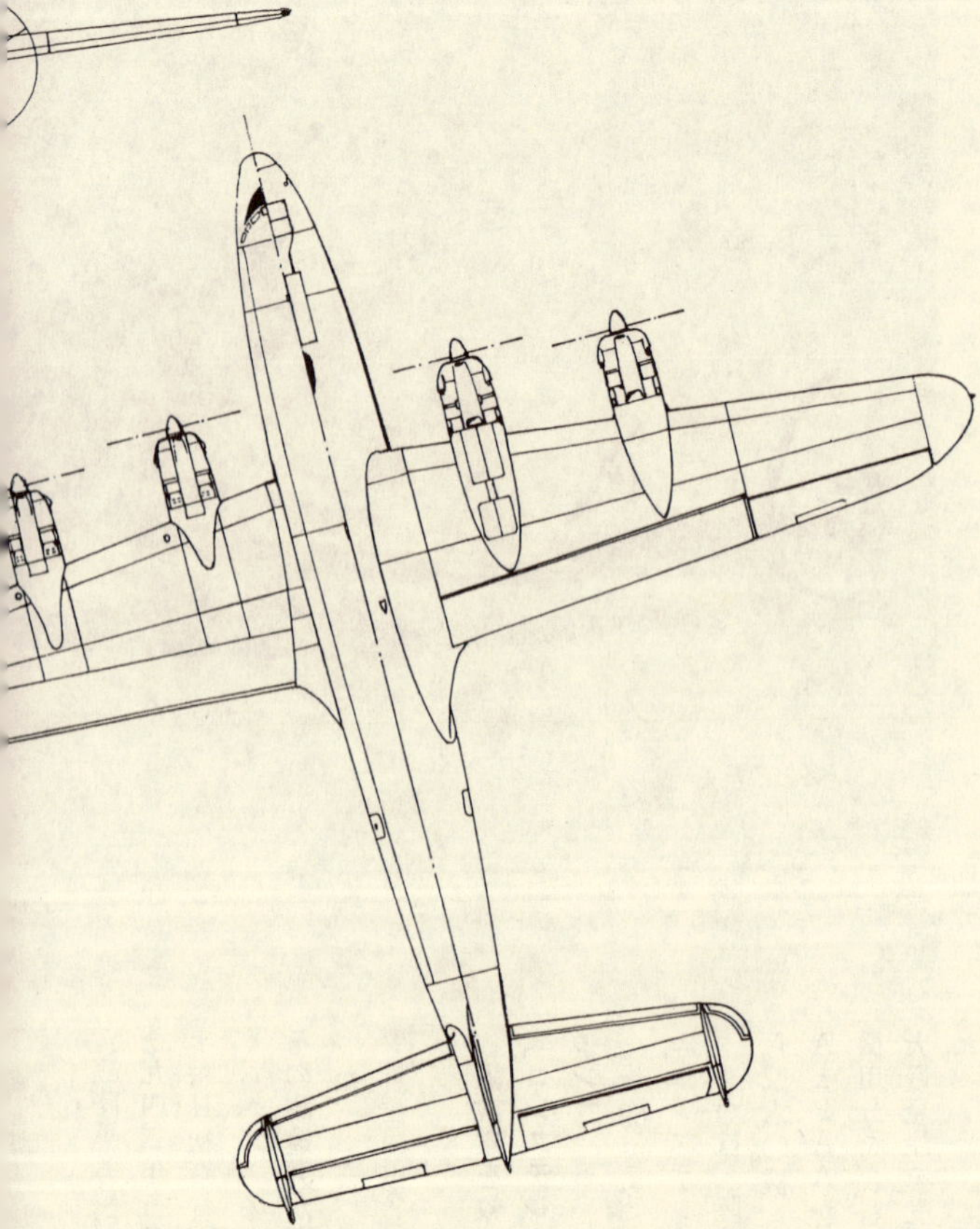

S.

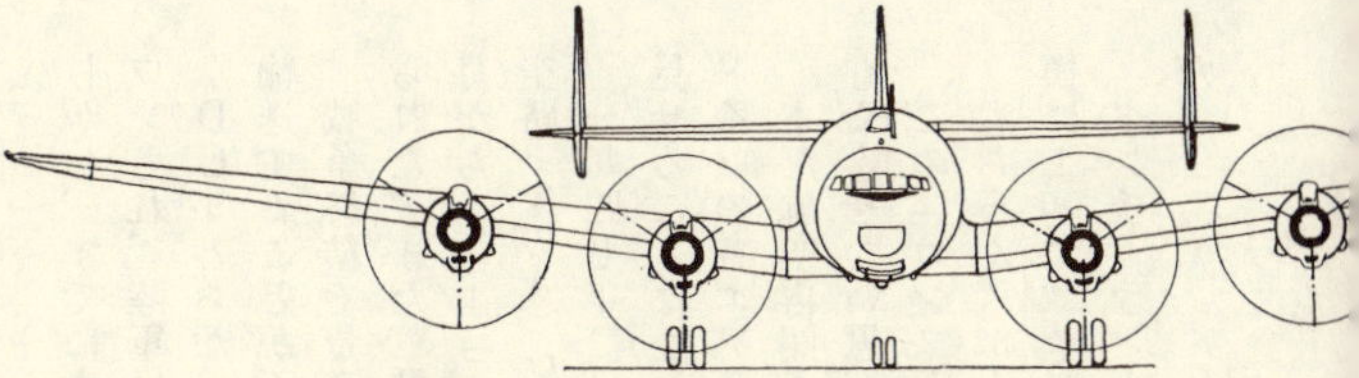

L749 コンステレーション

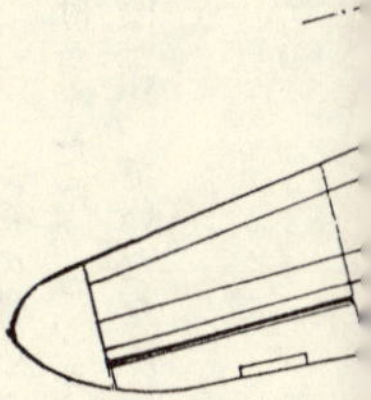

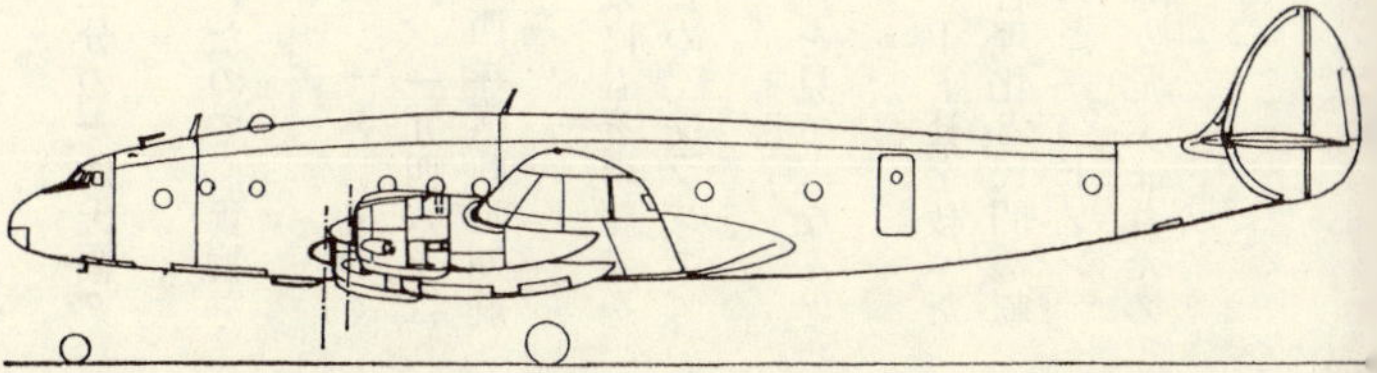

しかし、すでに太平洋戦争もアメリカの勝利に終わろうとしていたので、三分の一に大幅ダウンされ、陸軍に引き渡されたのは、わずか二二機だけである。

DC4とちがい、胴体設計がスピードを重視した細い曲線構成になっていたので、貨物を輸送することが不向きだったことも生産削減の原因だった。

戦争終結で量産ライン上の五一機は、そのまま旅客型「コンステレーション」としてつくられた。また、陸軍徴用のC69も優先的にロッキード社に戻されて改造され、一九四六年二月からニューヨーク〜バミューダ間（PAA）、ニューヨーク〜パリ間の大西洋横断定期航空路（TWA）に使われた。

一九四七年には、パン・アメリカンが世界一周定期航空路に使用し、東京にもその麗姿を見せることになった。そのほかにイギリスのBOAC（現在のBA）をはじめ、フランス、ドイツの各エアラインも競って「コンステレーション」を導入した。

まだ航空再開を許可されていない当時の日本国民は、空の女王の盛況ぶりを見て、なんともやるせない思いに駆られたものである。

この「コンステレーション」ブームが、終戦による経営ピンチからロッキード社を救った。

もちろん、ボーイング、ダグラス、グラマンその他のメーカーも経営の合理化と民間機転換によって、それぞれ苦境を切り抜けた。ただ、ロッキードの場合、P38と「ハドソン」「ベンチュラ」という小・中型軍用機に頼っていただけに、戦後の成りゆきが危ぶまれたのだ。

この点、つねに一発長打を放っては発展してきたロッキードは、またしてもツーアウト後にホームランをかっとばしたのであった。

049型のあと、それをもっと豪華にした649Aがつくられ、一九四七年から就航している。さらにその長距離型の749は、ニューヨーク～パリ間、五九〇〇キロを無着陸で結び、最大時速も五六〇キロとなった。この749には重量のちがいなどでA、B両型があったが、基本的には変わりがない。049から749Bまで、民間旅客型は合計二一九機生産され、新鋭四発旅客機では他を大きく引き離した。

なお、749の優秀性に目をつけたアメリカ空軍（一九四七年に陸海軍両航空隊を合併して独立）は、空軍用にC121として一〇機をオーダーし、戦略空軍司令部（MATS）に配属し、ダグラス・マッカーサー元帥（国連軍総司令官）やアイゼンハワー元帥（NATO軍総司令官）ら高官の輸送に用いた。

マッカーサーの専用機が〝バターン〟号で、アイゼンハワーの専用機が〝コロンバイン〟号であったことは有名だ。当時冷戦中に、この優美な機体が朝鮮上空やベルリン上空を、両総司令官を乗せて飛んでいたことは、いまから考えるとほほえましい気がする。

C121からC121Aと胴体上に大型レドームを背負った艦隊随伴用の長距離哨戒機PO1W（海軍用）もつくられたが、これらはすべて、「コンステレーション」という愛称で呼ばれている。

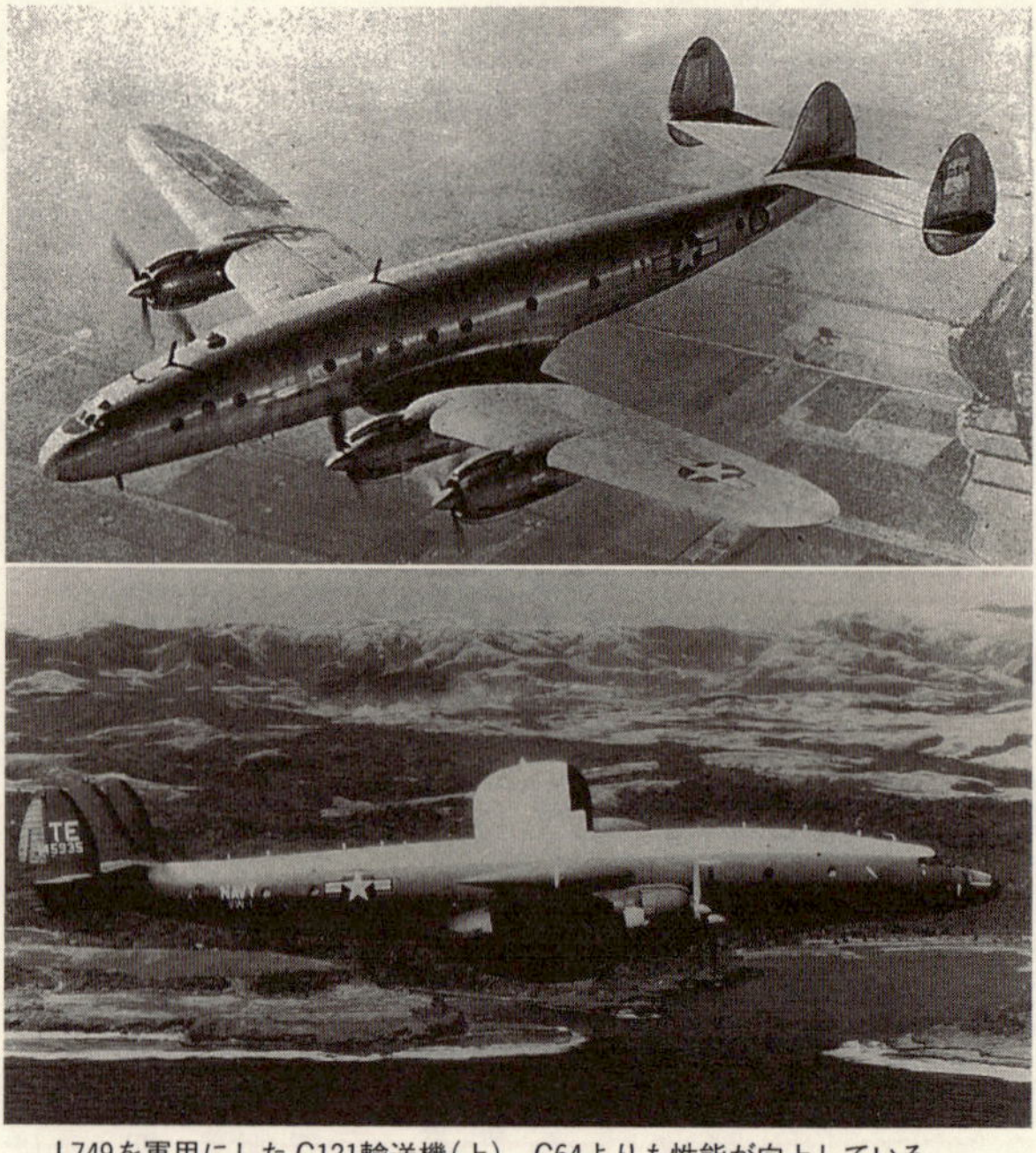

L749を軍用にしたC121輸送機(上)、C64よりも性能が向上している。
胴体上部に大型レドームを積んだ艦隊随伴用の長距離哨戒機PO1W。

新型機開発にしのぎを削る

ロッキード「コンステレーション」各型の活躍を、ダグラスやボーイングがだまって見ているはずがなかった。

「大型旅客機ではしにせのわれわれなのに、シェアを荒されてしまった。この対策は？」

「何といっても与圧キャビンだ。これに立ち遅れたことは失敗だった」

と、ダグラス社の首脳たちは、悔恨《かいこん》のほぞをかんだ。

ダグラスでは、一九五一年(昭和二十六年)にDC4の与圧改良型DC6を、おくればせながら登場させたが、これを少し手直ししたDC6Bで本物になった。

これはダグラスを〝旅客機の王者〟とし、コネを保とうとする多くのエアラインがかなり採用したため、「コンステレーション」を一人天下とさせなかった。

一九五一年から営業をはじめた日本航空も、DC4のあと、このDC6Bを五機入れて、一九五四年二月から東京～サンフランシスコ国際線に使った。日航で「コンステレーション」を導入しなかったのは、戦前からつづいているダグラス社とのコネクションと、派手な「コンステレーション」を使いこなすだけの態勢がまだととのっていなかったからである。

ダグラスがDC7を開発するという情報に、ロッキードもだまっていなかった。さっそく「コンステレーション」の胴体を伸ばして、積載力を増したL1049「スーパー・コンステレーション」(略称「スーパーコニー」)をつくることにした。

749型より約五・六メートル長く、全長三四・六五メートルとなったから、そのスタイルはまさに〝柳腰の美人〟を思わせ、史上最高の美しい飛行機と言われる。

初飛行は一九五一年七月十四日、エンジンはライト「サイクロン」二七〇〇馬力四基だった。その後、これではやや弱いので、一九五三年からライトのターボコンパウンド(ターボ複合)エンジン三二五〇馬力四基に付けかえられ、L1049Cと呼んだ。

同機は全備重量は六〇・四トン、九四人の乗客を乗せて最大時速六〇〇キロ、航続距離七七〇〇キロにおよんだ。六〇機つくられ、貨物専用にしたものをD型という。

その後、エンジンの出力は同じだが、より改良されたものが装備され、主翼内の燃料タンクをふやすと同時に翼端タンクも付け、航続距離を九四〇〇キロとしたL1049G「スーパーG」が生まれた。一九五四年一月から就航して、評判もよく、前の型の「スーパーコニー」の多くがこのG型に改装されている。

L1049 スーパーコンステレーション

また「スーパーコニー」を改造して海軍・空軍用の警戒機WV2もつくられた。胴体上に直径一〇メートル以上の円盤をのせ、中には精密な電子装置を入れ、一機で一二ヵ所のレーダー基地と同じ働きをした。

「スーパーコニー」は、各型合計約二五〇機もつくられたが、この〝コニー〟攻勢により、ダグラスも

ダグラス DC6B（上）、ダグラス DC7C（下）。

DC6B、初期のDC7では、とても太刀打ちできなくなってしまった。そこで、よりすぐれたDC7Cの開発にかかった。

これはプロペラDCシリーズの最後を飾る名機で、DC6Bより胴体が二メートル長い（全長三四・二メートルで、「スーパーコニー」とほぼ同じ）。ライバルの「スーパーコニー」より強力な、ライトのターボコンパウンド・エンジン三四〇〇馬力四基を装備し、全備重量が六三・六トン、乗客九五人を乗せて最大時速六五〇キロを出した。最大航続距離は九六〇〇キロである。

7Cをもじって「セブン・シーズ」（七つの海）と名付けられ、一九五六年五月からパン・アメリカンの国際線に就航した。そして文字どおり、世界の主要航空路を飛び回って、「スーパーコニー」を追い出しにかかった。

スーパーコニーを改造して空飛ぶレーダー基地となったWV2警戒機。

一九五六年(昭和三十一年)六月三十日、TWAの「スーパーコニー」とUALのDC7Cが、グランドキャニオン上空で空中衝突し、死者一二八人を出すという大惨事が起きた。これもなにかの因縁とでも言おうか。

「さすがはしにせのダグラスだ。しかし負けてはいられんぞ」

「より燃料を多く搭載して、航続力を伸ばさなくてはな……」

「それには主翼の再設計が必要だろう。アスペクト・レシオ(縦横比)を大きくすることだな」

「そろそろターボ・プロップの時代にはいる。おそらくこれが、最後のピストン旅客機になるだろう」

ヒバード、ジョンソンの設計チームは、まき返しにファイトを燃やした。

そしてでき上がったのが、主翼を全幅四五・七メートルに設計し直したL1649A「スターライナー」である。

ジェット化に乗り遅れたロッキード社

TWAの大西洋航空路に「スターライナー」が就航したのは、一九五七年五月だった。DC7Cに一年おくれたが、最大一万一〇〇〇キロにおよぶ航続力で、アメリカとヨーロッパを無着陸で結び、ふたたびイニシアチブをとるかにみえた。

ところが世界の航空界は、すでにジェット化の方向へ進みつつあった。イギリスのジェット旅客機の先駆者、デハビランド「コメット」が、相次ぐ重大事故につまずきながらも、改良した4型を送り出そうとし、ボーイングが空中給油用ジェット機「ストラトタンカー」を民間旅客機とした707を完成させ、早くもパン・アメリカンと契約した。さらにソ連では、一九五六年三月からすでに、ジェット旅客機ツポレフTU104を、アエロフロート定期航空路に就航させている。

またライバルのダグラスでも、一九五四年、

「ジェット旅客機の時代は、一九六四年からはじまるだろう。そしてそのマーケットは、おそらく一八〇機を出ないだろう。だから、まだジェット機の開発はしない」

と言っておきながら、翌年六月、

「DC8はジェット機として開発する」

と声明し、急いでDC8ジェット機の設計にとりかかっていたのである。

ダグラスDC7Cは、まさにそのつなぎ役として大任をはたしつつあったわけで、性能的にはロッキードL1649Aと差はなかったが、根強い旅客機の王者ダグラスのイメージで

ジェット旅客機の先がけとなった英国のデハビランド・コメットの試作1号機(上)。ボーイング707(上2)。大手航空会社のほとんどが採用したダグラス DC8(下2)。フランスの中距離旅客機シュド・カラベル(下)。

L188 エレクトラ

じりじりと追い上げ、ついに大手航空会社の大半を占領してしまった。

　ロッキードＬ１６４９Ａの販売数はわずか四三機にとどまり、Ｌ１０４９シリーズと合わせても約三〇〇機であった。これにたいし、ダグラスのＤＣ６シリーズとＤＣ７シリーズの合計は一〇四一機で、最終的にロッキードを完全に打ち負かしたの

である。
　いま考えれば、ロッキードが「コンステレーション」の成功に気をよくして、つぎの「スーパーコニー」まで発展させたのはよいが、いささかそれにおぼれ過ぎたのが間違いだった。
　さらに、旅客機のジェット化の見通しを誤り、それを開発すべき大事なときに、プロペラ機とジェット機

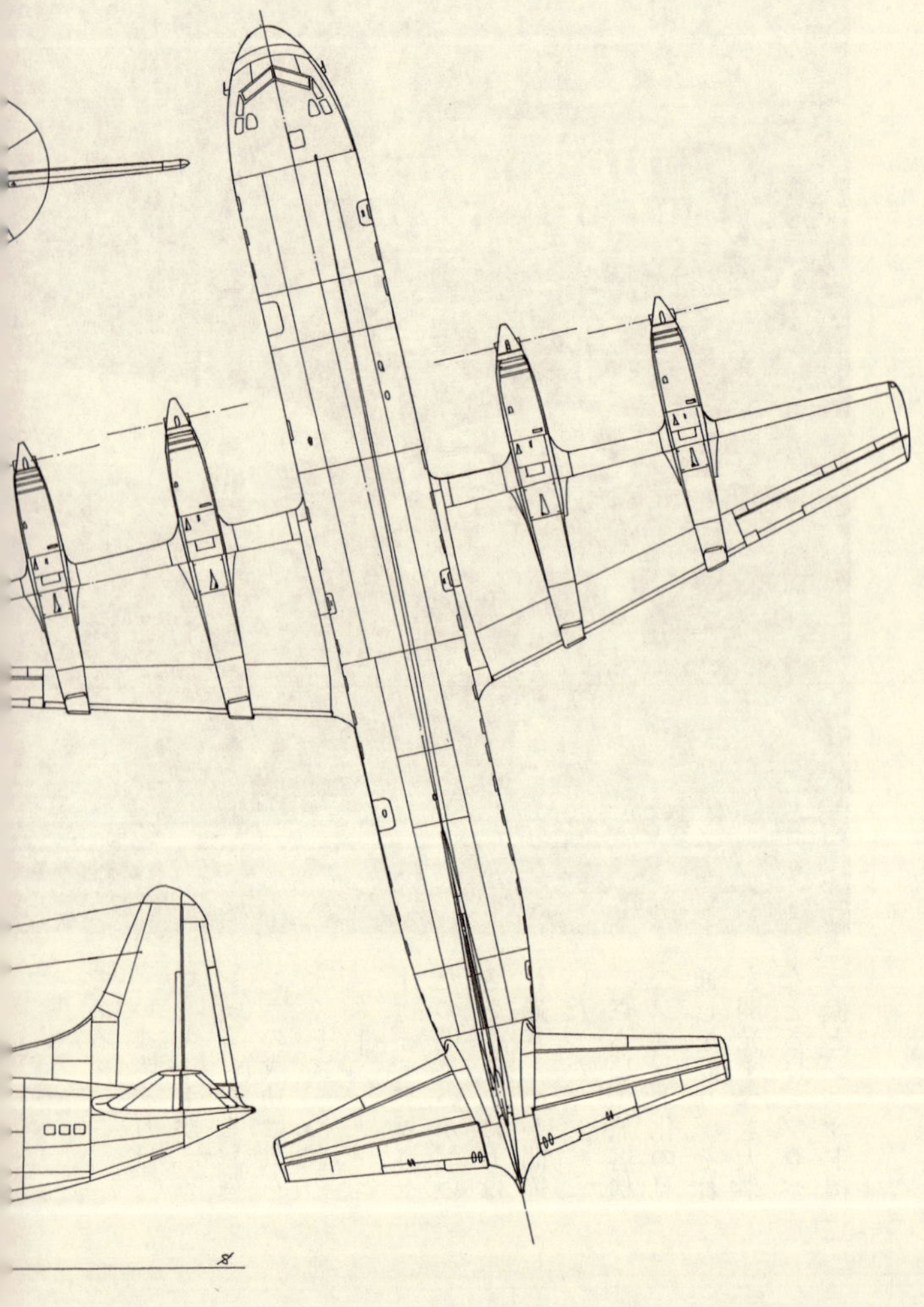

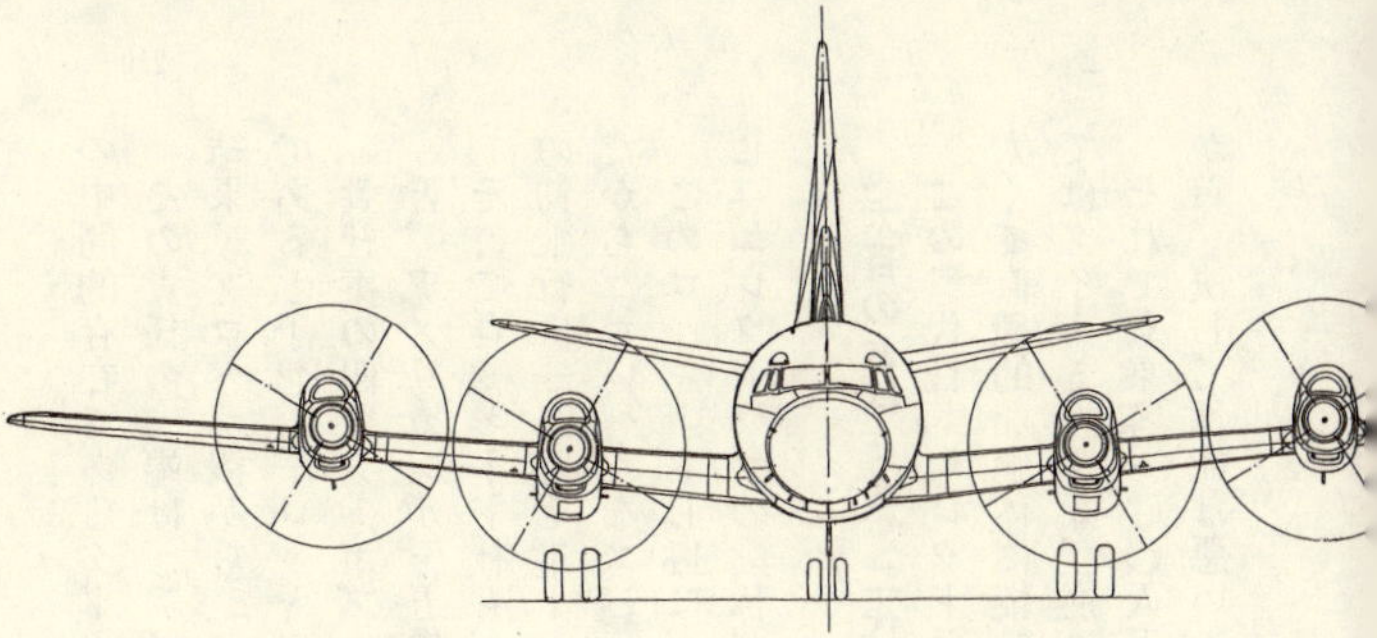

L188 エレクトラ

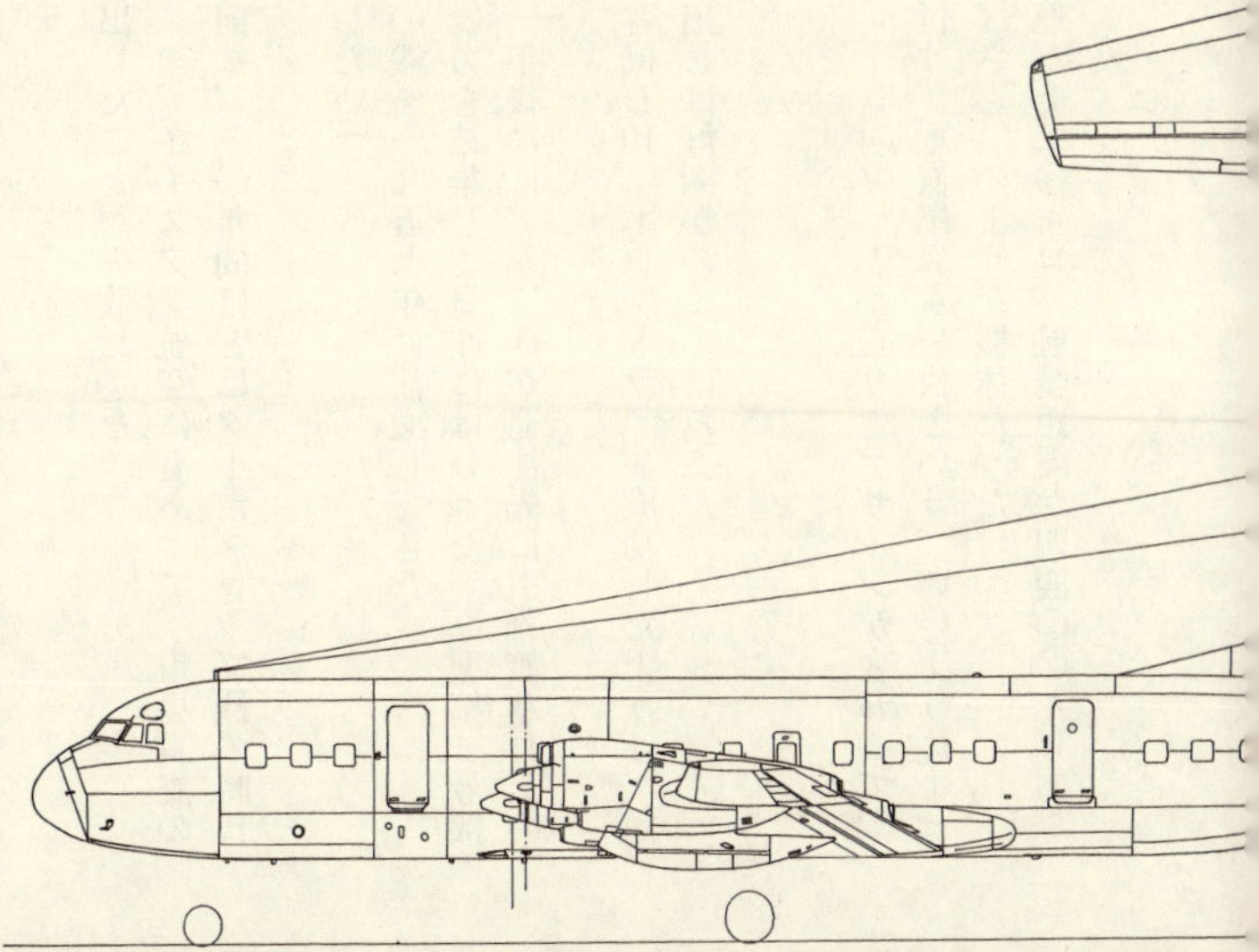

の中間的存在であるターボプロップ機を送り出したことが失敗だった。

その責任の一端は、アメリカン・エアラインズ、イースタン航空にもあって、市場調査の結果、プロペラ機からジェット機に転換する前に、一〇年間ほどはターボプロップ機の時代であると予想し、ロッキード社に、

「貴社案の四発ターボプロップ旅客機を発注したい」

と、アメリカンが三五機、イースタンが四〇機を一九五七年に注文してきた。

そこでロッキード社も、バーバンク工場に総力を結集して量産にはいった。原型第一号機の初飛行は一九五七年十二月六日だが、その一年後には、一二機が発注先に引き渡されたのだから、たいへんなスピードぶりである。

このロッキードL188は、かつて双発高速旅客機L10「エレクトラ」が成功したように、同じ「エレクトラ」の愛称が与えられ、すべり出しは好調かのようにみえた。

〝太目のおばさん〟二代目「エレクトラ」

この二代目「エレクトラ」は、「コンステレーション」とがらりとデザインが変わって、太くて直線的な胴体に縦横比の大きな主翼を付け、垂直尾翼も一枚という、いいようによってはダイナミックな、逆にいえば〝太目のおばさん〟のような機体だった。

それでも乗客一〇〇人近くを乗せ、最大時速が七二〇キロ、航続距離が四四〇〇キロあるから、決して性能は悪いものではない。

ロッキードL89R601コンスティチューション長距離軍用輸送機。

ところがどうしたことか、大きな振動がついてまわったため評判をおとし、そのうえ一九五九年九月と一九六〇年三月の二回にわたり、お客を乗せたまま空中爆発を起こしてしまった。

「ロッキード機はスピードは速いが、どうもトラブルが多い」

というジンクスは、ここでも生きていて、ロッキード関係者を悩ませた。

さっそくFAA（連邦航空局）が調査にのり出し、エンジンの取り付け方に欠陥があることを突きとめ、「エレクトラ」は全機、改修された。

生産機数は一六七機で、失敗作とはいえないまでも、もう世界のエアラインにはジェットのボーイング707、727、ダグラスDC8、シュド「カラベル」（フランス）などが大量に出回っていて、ターボプロップ旅客機はローカル線用にまわされていった。このため、ロッキード社は、思いもよらぬ赤字に悩むことになる。

ところで、忘れてはならないロッキードの機体を、紹介しておきたい。

パン・アメリカン航空は、一九四六年(昭和二十一年)四月八日をもって、アメリカ大陸〜ハワイ線からボーイング314四発飛行艇を引退させたが、一九四一年ごろからその後継機として、ロッキードL88巨人機の開発をロッキード社にたのんでいた。

ボーイング314といえば、一般にはボーイング「クリッパー」といわれて、戦前から豪華飛行艇で鳴らしている。その替わりとなる機体であるから、長距離用の超大型にするつもりでいたが、太平洋戦争がはげしくなったため、旅客輸送も大型旅客機の開発も中止されてしまった。

しかしアメリカ海軍は、この海洋横断巨人機L88の青写真に目をつけ、長距離軍用輸送機として再開発を命じたのである。

R6V1「コンスティチューション」と名付けられて、一号機は一九四六年十一月に初飛行した。しかし、全幅五七・八メートル、全備重量八四トンの機体に三五〇〇馬力エンジン四基ではパワー不足で、けっきょく二機つくられただけで終わった。

乗員一二人、兵員一六八人を乗せ、最大時速四八五キロ、航続距離一万キロというジャンボ・プロップ機は、当時はまことに驚異で、エンジンをターボプロップにしていれば、旅客用にあるていど成功していたにちがいない。

⑨ F104の虚像と実像

F86DへのつなぎF94A

四発の大型プロペラ旅客機「コンステレーション」シリーズで、ダグラスのDCシリーズに切り込んだロッキードも、ついに四発大型ジェット旅客機の開発におくれをとり、さらに、ボーイング707の先見の明に服して、その開発をあきらめた。

しかしこれは、民間機の部門を一時中止したというだけであって、軍用機ではつぎつぎと名機を送り出していたのである。つまり、軍用機の開発と生産で追われていたために、四発大型ジェット機の開発まで手が回らなかったということである。

戦中から戦後にかけての、ロッキード軍用機のピカ一は、何といってもP80「シューティングスター」だった。これを改造してRF80C「シューティングスター」写真偵察機が生まれた。これはF80C（戦後、PからF＝Fighter の頭文字＝に変えられた）の機首の武装をとり去って、写真機を装備した偵察型である。

さらに、後席を設けて複座とし、練習機としたT33Aへ発達した。

これは世界最初の本格的ジェット練習機で、操作が容易なのと、射出座席などあらゆる装備がついているので、実用機とほとんど差がなく、米空、海軍をはじめ世界各国で使われた。

日本にも、航空自衛隊の主力ジェット練習機として

T33

六〇機供与され、川崎航空機で約二一〇機が国産化されている。現在の航空自衛隊幹部のパイロット出身者は、ほとんどこの機体のお世話になっており、〃ティー・サン・サン〃（T33）に愛着を持っている。

　ただ、設計が古いため、最大時速は一〇〇〇キロに満たず、また燃料消費量が大きくて航続力の少ないの

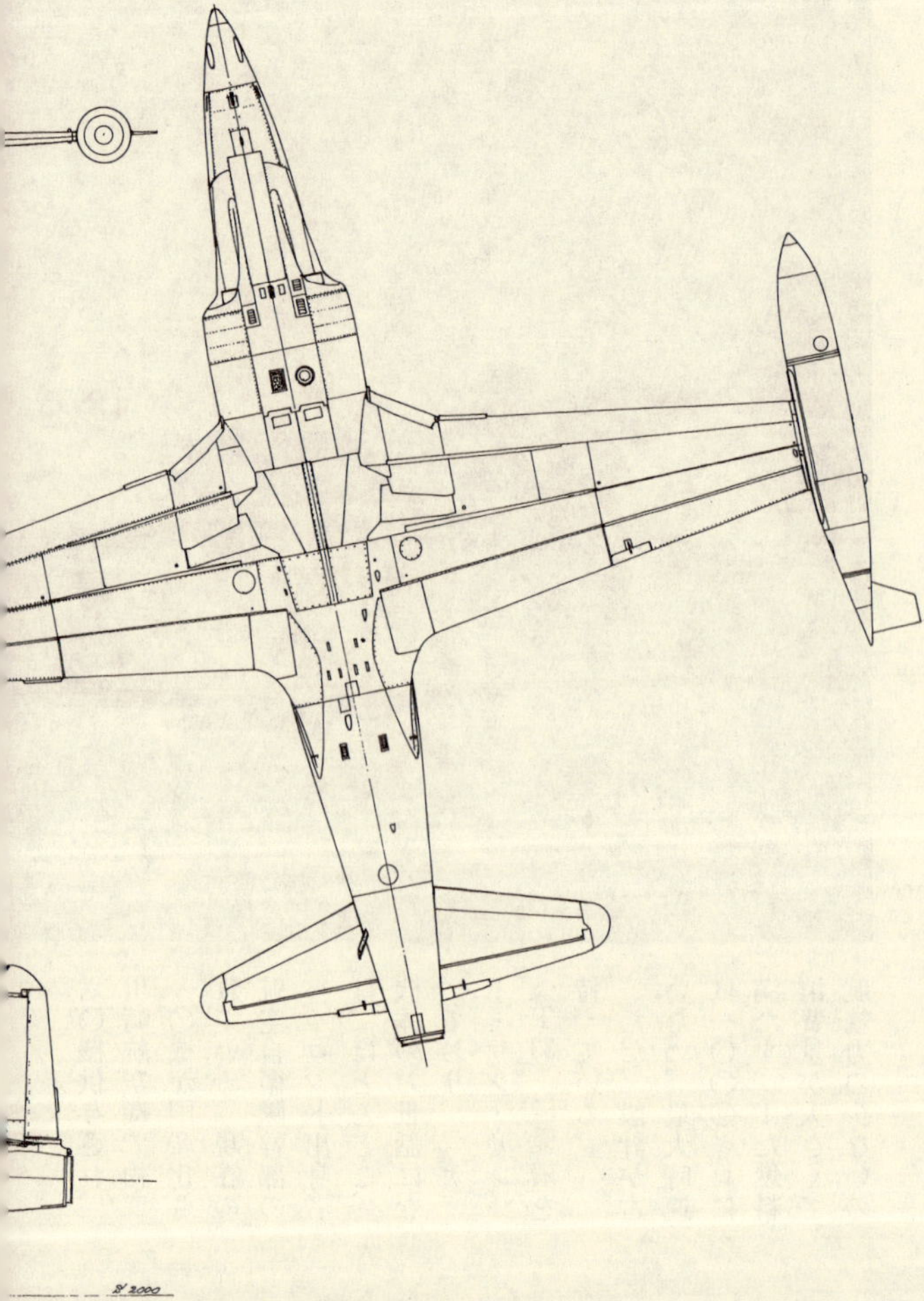

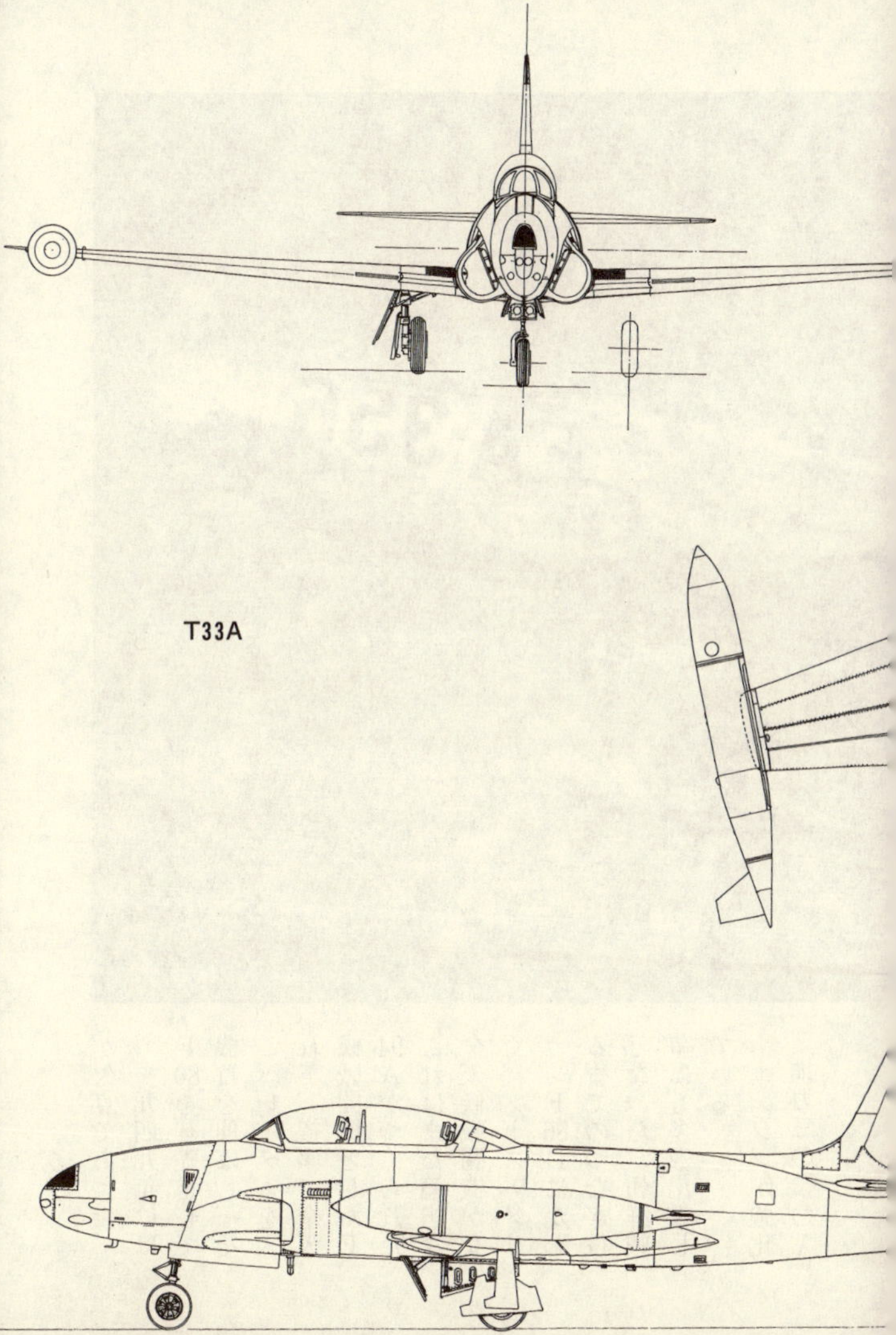

T33A

が欠点であった。

一九四九年には、F80を基礎として機首を伸ばし、そこへレーダーを入れて、複座の全天候戦闘機としたF94Aがつくられた。これはまだ適当な全天候戦闘機がなく、ノースアメリカンF86Dにかわるまでのつなぎ役となった。朝鮮戦争にも多数出撃している。

エンジンが強化（推力三〇〇〇キ

ロ）され、最大時速は一〇三〇キロ、実用上昇限度一万四八〇〇メートルとよくなっている。F94BおよびCもつくられた。

さらに一九四九年六月には、浅い後退翼をもったXF90戦闘機を初飛行させている。現在から見れば、F80とF104の中間的な設計であるが、出現当時は革新的戦闘機として騒がれた。しかし、ま

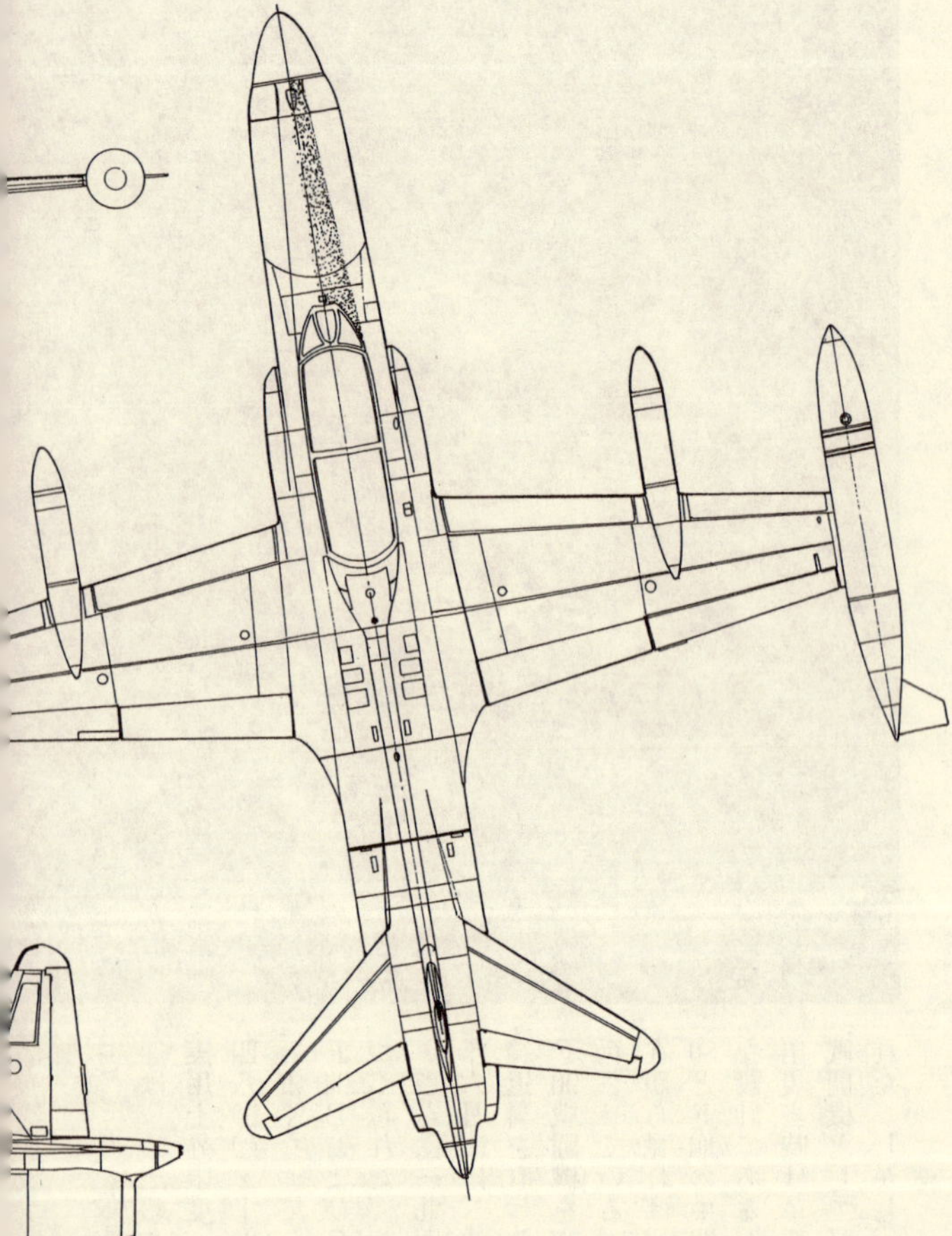
S.

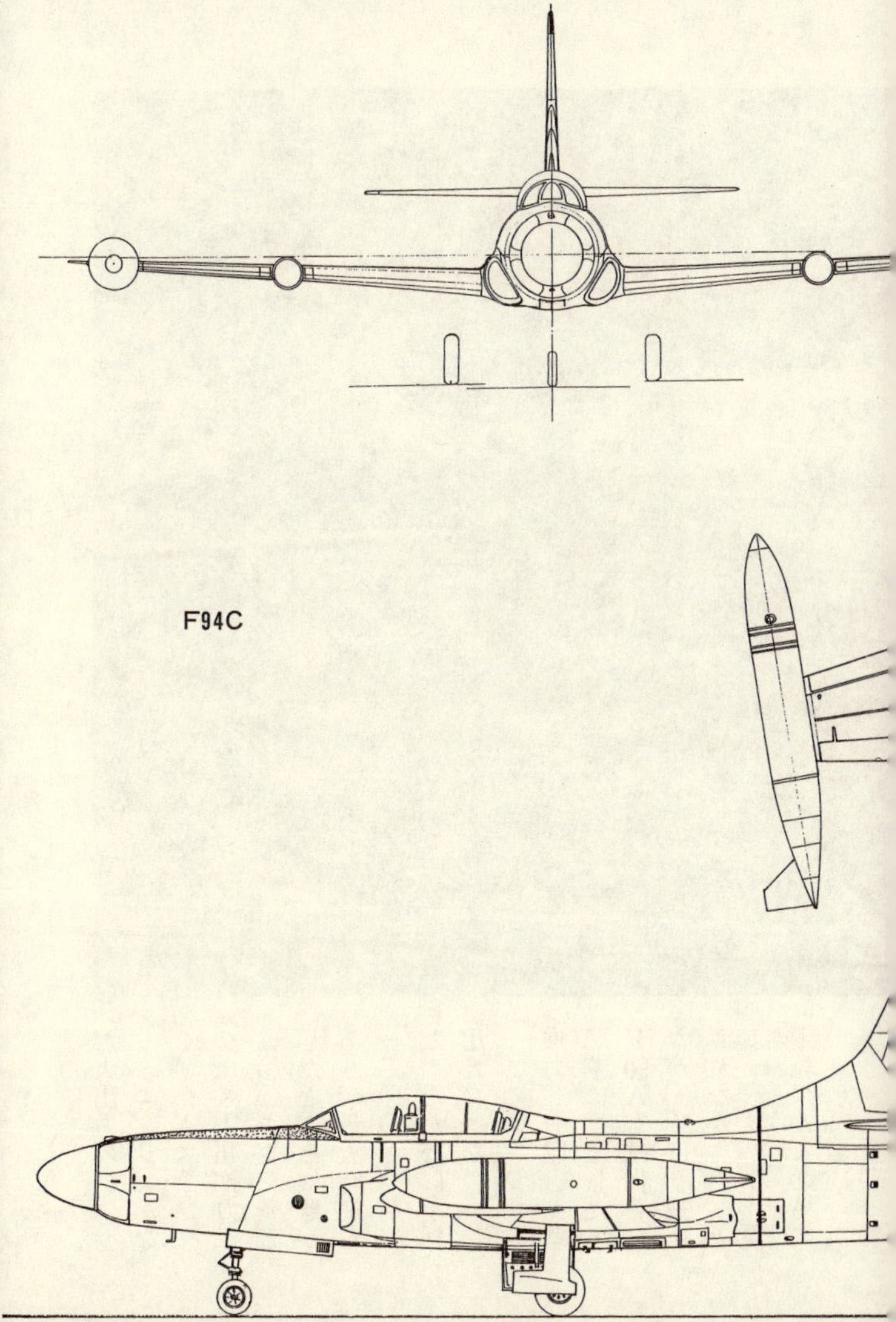

F94C

だ大出力のジェット・エンジンがなく、ウェスチングハウスJ46推力二七〇〇キロ二基としたところに難があり、最大時速も一二〇〇キロ前後だったために不採用となった。
　このエンジンを推力三一四〇キロ二基に換装したXF90Aも試作されたが、やはり採用されなかった。とはいえ、このテスト結果が、のちの

XF90

F104に生かされることになる。

夢の飛行機VTOLの挫折

離着陸の滑走なしに、つまり飛行場のまったくいらないVTOL垂直上昇機は、飛行機がまだ夢だった時代から、レオナルド・ダ・ビンチのスケッチにもあらわれているように、さかんに研究されていた。しかしこれが容易でないこ

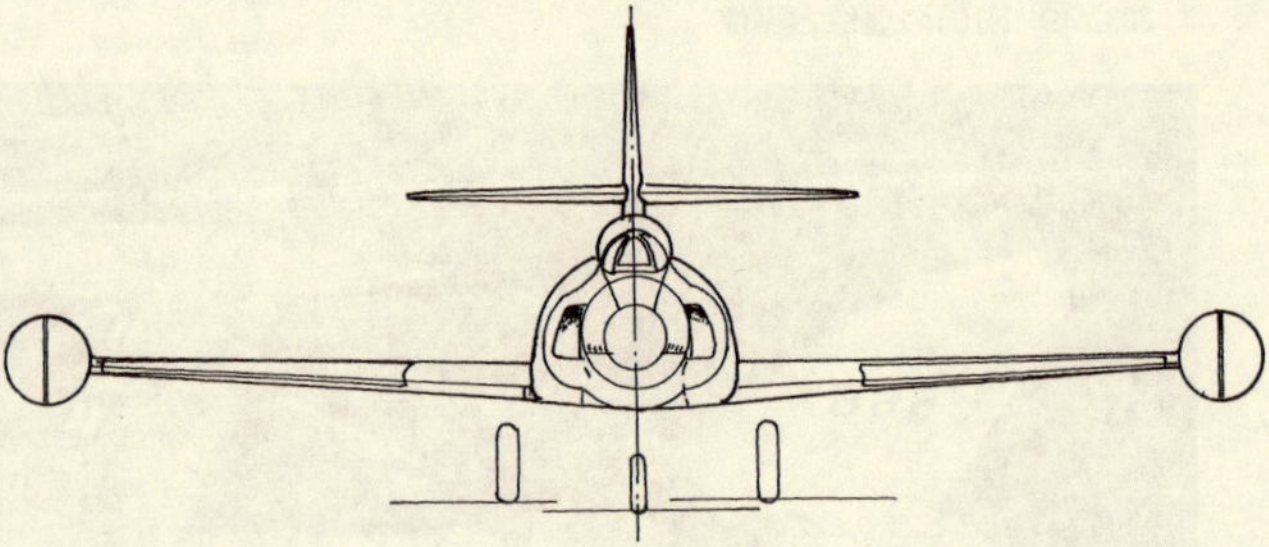

XF90

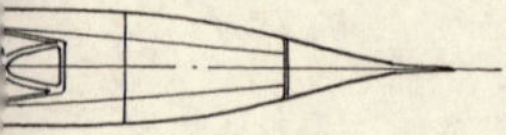

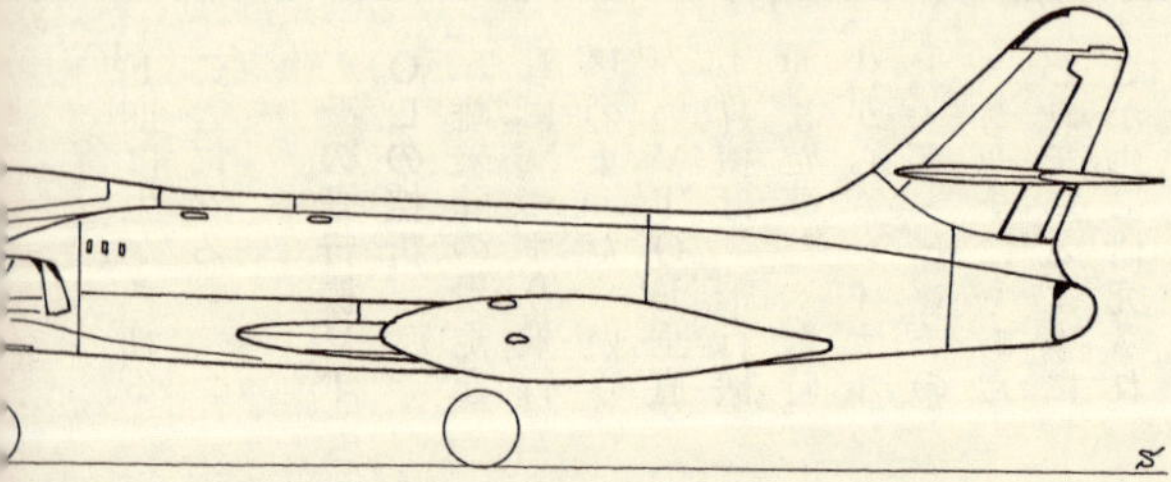

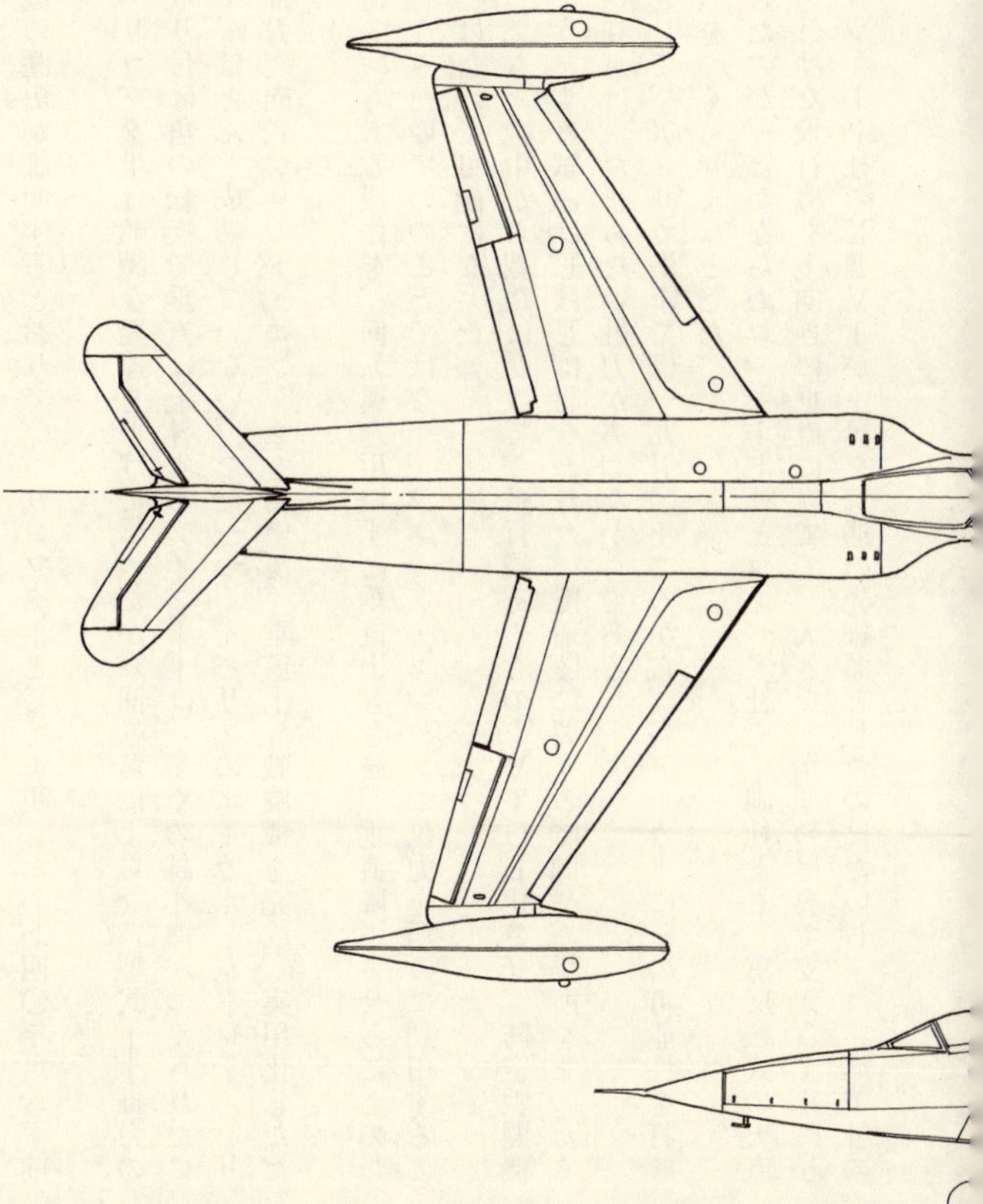

とは、飛行機の歴史が証明するとおりで、ヘリコプターとして実現したのが四〇年足らず前だった。

その後、ヘリコプターは順調な発達をとげていったが、回転翼によらない型式――推力の変向、主翼取り付け角の転換で垂直に上昇するタイプ――は、多くの試作機がつくられたにもかかわらず、ほとんど成功していない。ただ一つ、イギリスのホーカー・シドレー「ハリアー」が、推力変向式ジェット・エンジンを用いて、垂直上昇戦闘機を完成、実用化しただけである。

やはり、何トンもある機体を、回転翼を用いずに垂直上昇させ、垂直降下させることのむずかしさは、なみたいていのことではなく、ジェット・エンジンの推力を巧みに利用することによって、はじめて可能になった。

そうはいっても、戦中から戦後にかけて、飛行機そのものをVTOL化させ、防空戦闘機として用いようとする試みはしばしば行なわれた。離着陸に要する時間や、場所をまったく必要としない利点は、たまらない魅力があったからである。

その一環として、アメリカ海軍では一九五〇年ごろから、各メーカーにその可能性を打診し、テスト機をつくらせようとした。

これに応じたのが、ほかならぬロッキード社とコンベア社で、両社とも二重反転式の大直径プロペラを付けた飛行機を上向きに垂直に立てて、大きな十字型の尾翼で支えるようにした。ただ、ロッキード社のＸＦＶ１が主翼を普通の先細翼としたのにたいし、コンベア社の

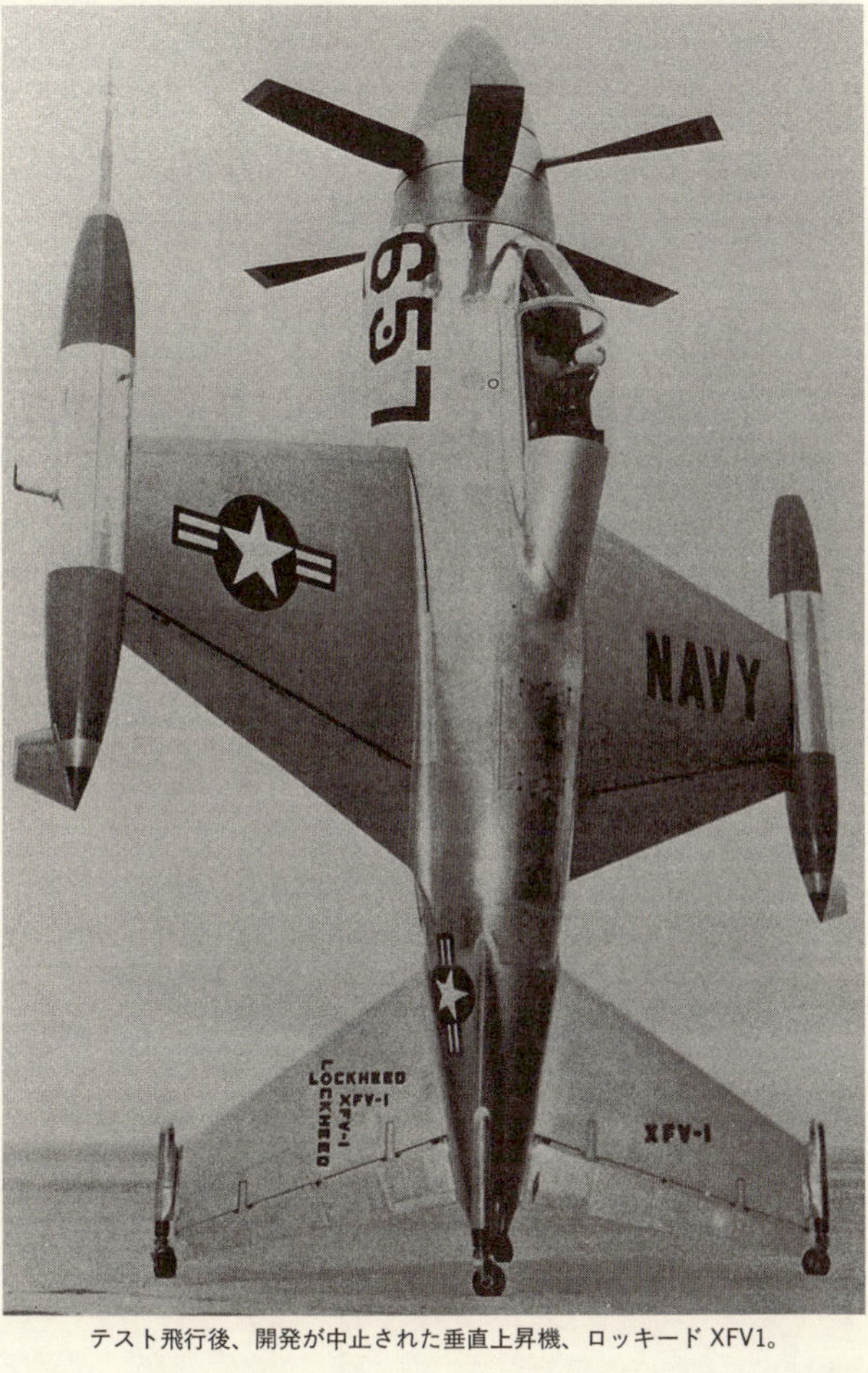

テスト飛行後、開発が中止された垂直上昇機、ロッキード XFV1。

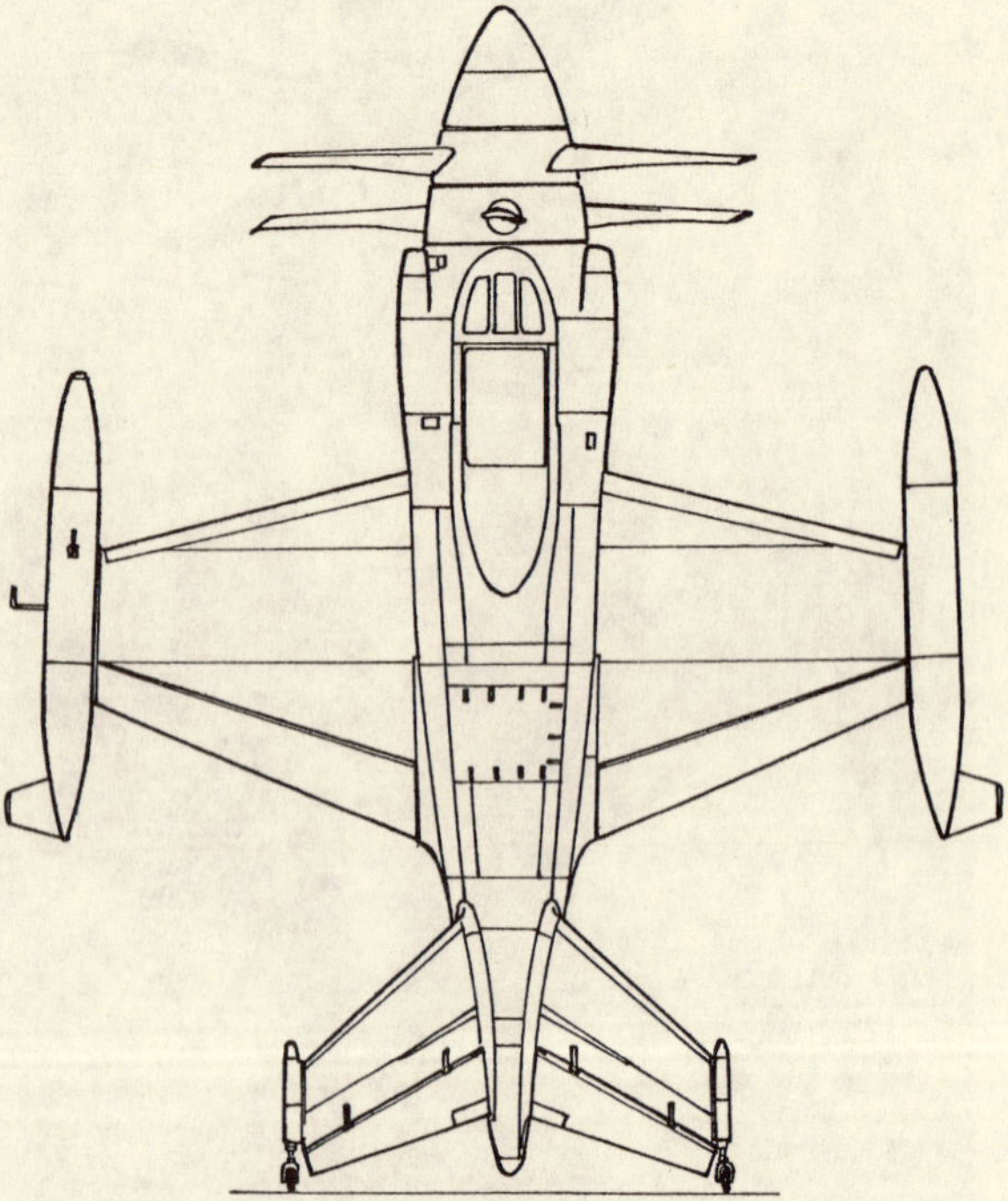

XFV1

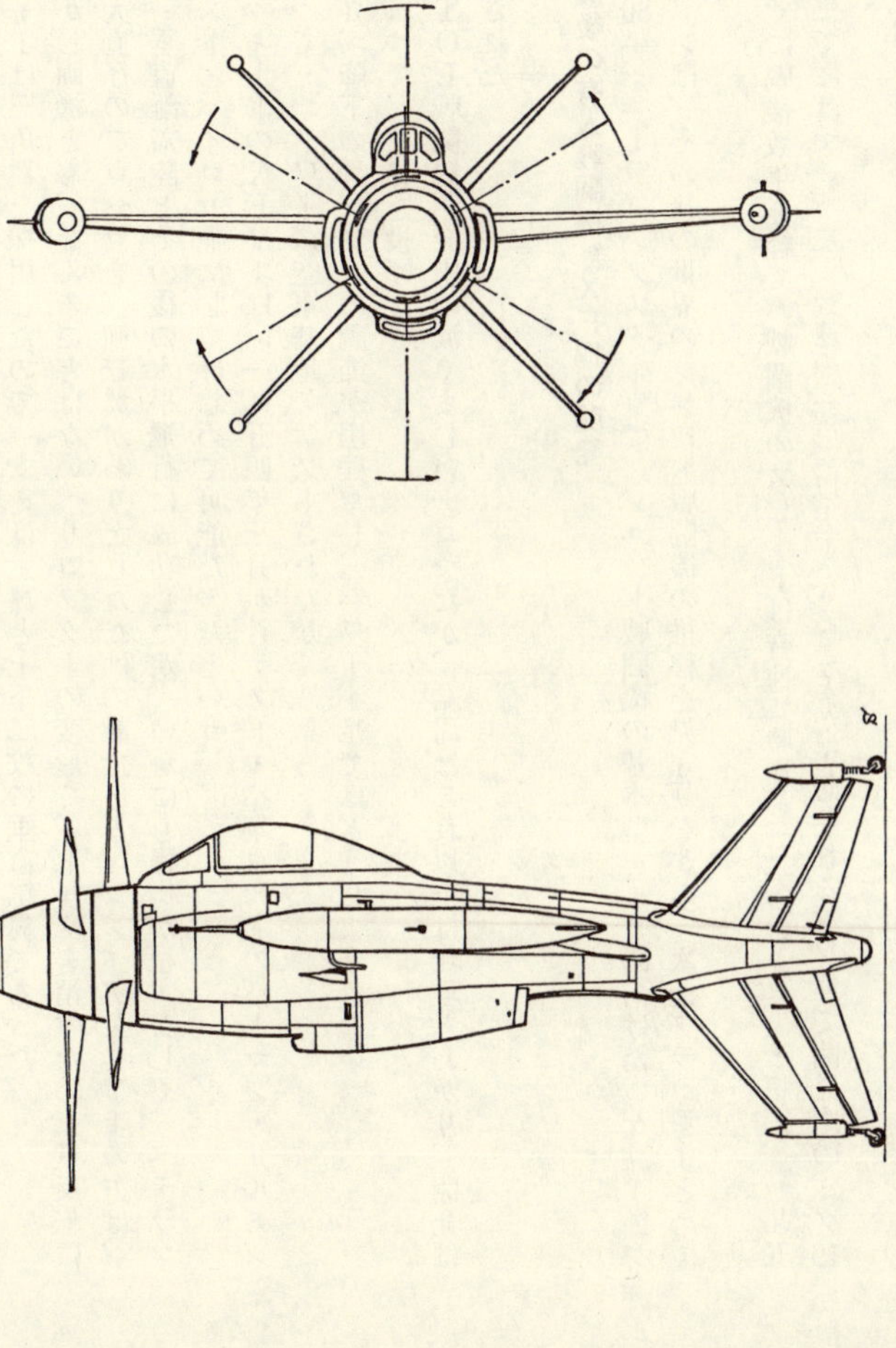

XFY1は三角翼を採用したので、支えは主翼と上下二枚の垂直尾翼であった。

しかし両機とも、なんのことはないヘリコプターの変形で、トルクを消すため二重反転にした大直径のプロペラを、回転翼がわりとしただけの話である。コンベアXFY1の方は、一応、垂直離着陸とその後の水平飛行に成功したが、いかにも操作がむずかしく、ベテランのテスト・パイロットにしてはじめて可能だったという。

ロッキードのXFV1は、一九五四年三月からテスト・パイロットのハーマン・サルモンによって、エドワーズ空軍基地でテストされたが、

「上昇、降下のエンジンの調節が困難だし、パワー不足ではどうしようもない」

と言って、サジを投げた。

VTOL戦闘機開発中の涙ぐましい一コマだが、結局はこれ以上は無理とわかり、開発は中止された。

〝最後の有人戦闘機〟XF104の開発

P80「シューティングスター」で、ジェット戦闘機の基本型をまとめあげた〝ケリー〟ジョンソンは、その後の世界のジェット戦闘機の推移を見守りながら、次期プランをまとめていた。

すでに戦後数年を経て、戦闘機のスピードは音速(時速約一二〇〇キロ)を超え、一九五五年までにはマッハ二(音速の二倍)以上となることが予想される。ソ連で開発中のミグ19

はマッハ一・四と言われるが、次のミグ21とスホイはマッハ二に達するであろうという情報がはいった。

「ケリー君、FX（次期戦闘機）のプランはまとまったかね」

「私はやはり、スピードを徹底的に追求したいと思います。もちろん上昇力も含めてのことですが……」

ジョンソンはグロスにこう答えて、

「つまり強力なエンジンを付けて、軽い機体を引っ張ると同時に、ジェットの余った推力を利用して、機動性をよくするんです。多少のことは犠牲にしてでも……」

と、自信たっぷりに言った。

「しかし、軍からやかましく言われている全天候性のほうは……」

「もちろん、コンパクトされたものをできるだけ積みます。でも、やはりスピードを優先させましょう」

こう言われて、グロスは、「実績のあるケリーのこと、ひとつ思う存分やらせてやれ」という気になった。

しばらくして、ジョンソンのまとめてきた新戦闘機のプランを見て、グロスは危く葉巻を落としそうになった。それはまるで、ミサイルに小さな翼を付けたようなものだったからである。

「いったい翼面荷重は？」

YF104A

「六〇キロ弱（一平方メートルあたり）でしょう」

「えっ？ そんなに……」

「F84（リパブリック『サンダージェット』戦闘機）だって、三五〇キロはありますよ。主翼後縁のファウラー・フラップだけでなく、前縁フラップも設けて着陸を安全にします」

「ところで、問題

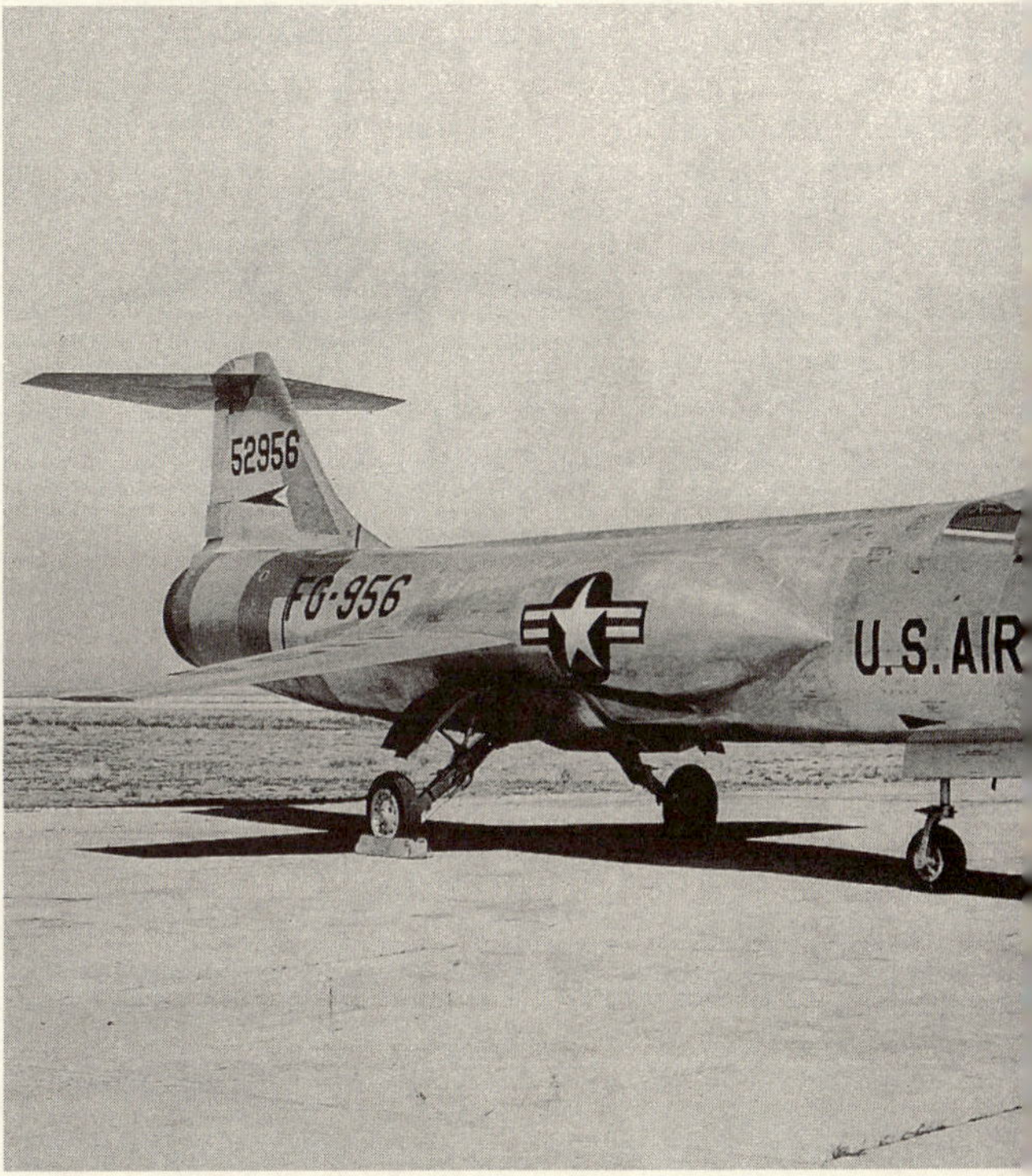

のスピードはどのくらい出るかね？」
「マッハ二以上は楽に出せますね」
ところがこのXF104は、三角翼のコンベアF102の採用によって自主製作となり、原型一号機は一九五四年二月七日、テスト・パイロットのトニー・リバーの操縦で初飛行に成功した。
その鋭くとがった鼻先と細長い胴

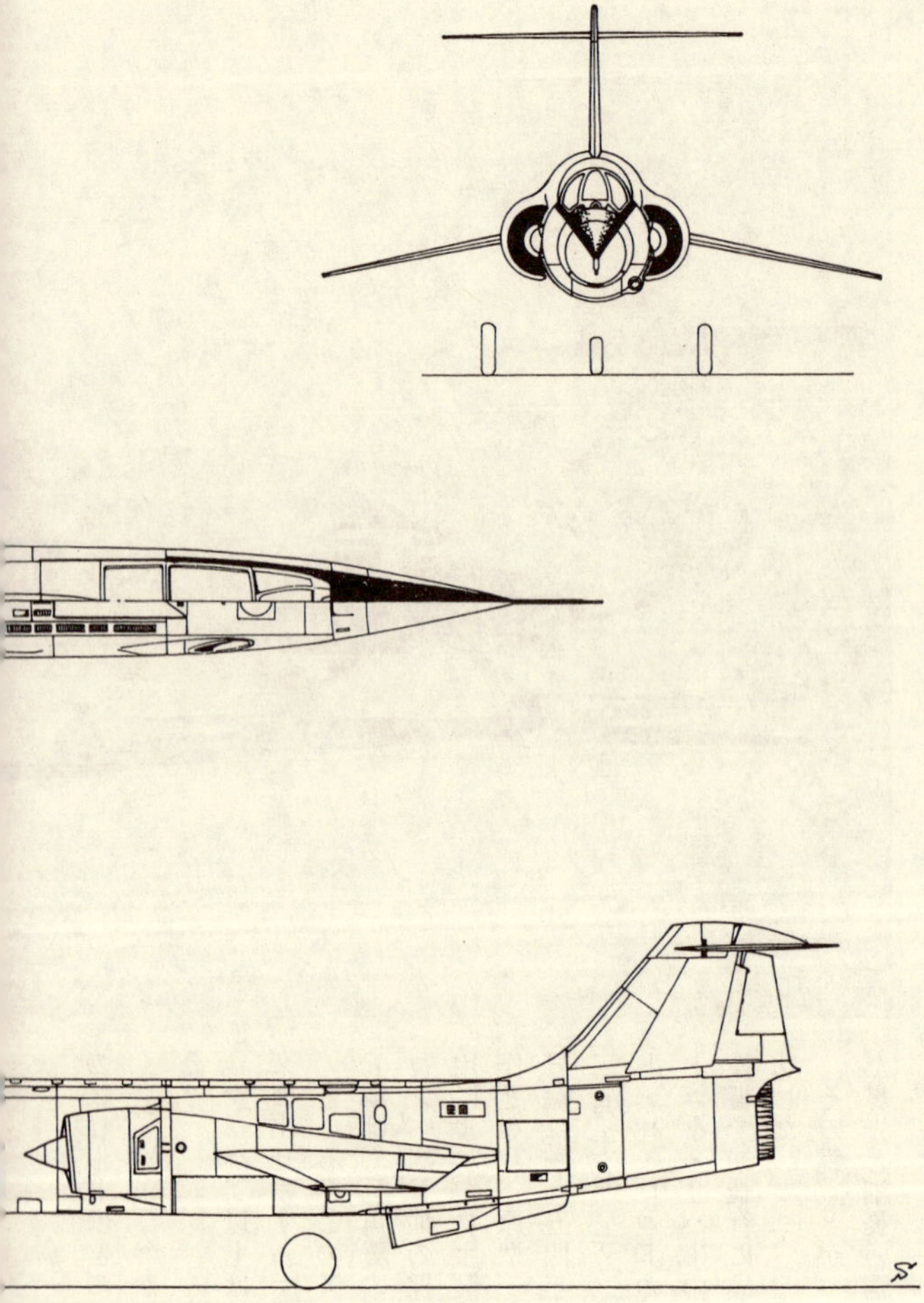

F104C スターファイター

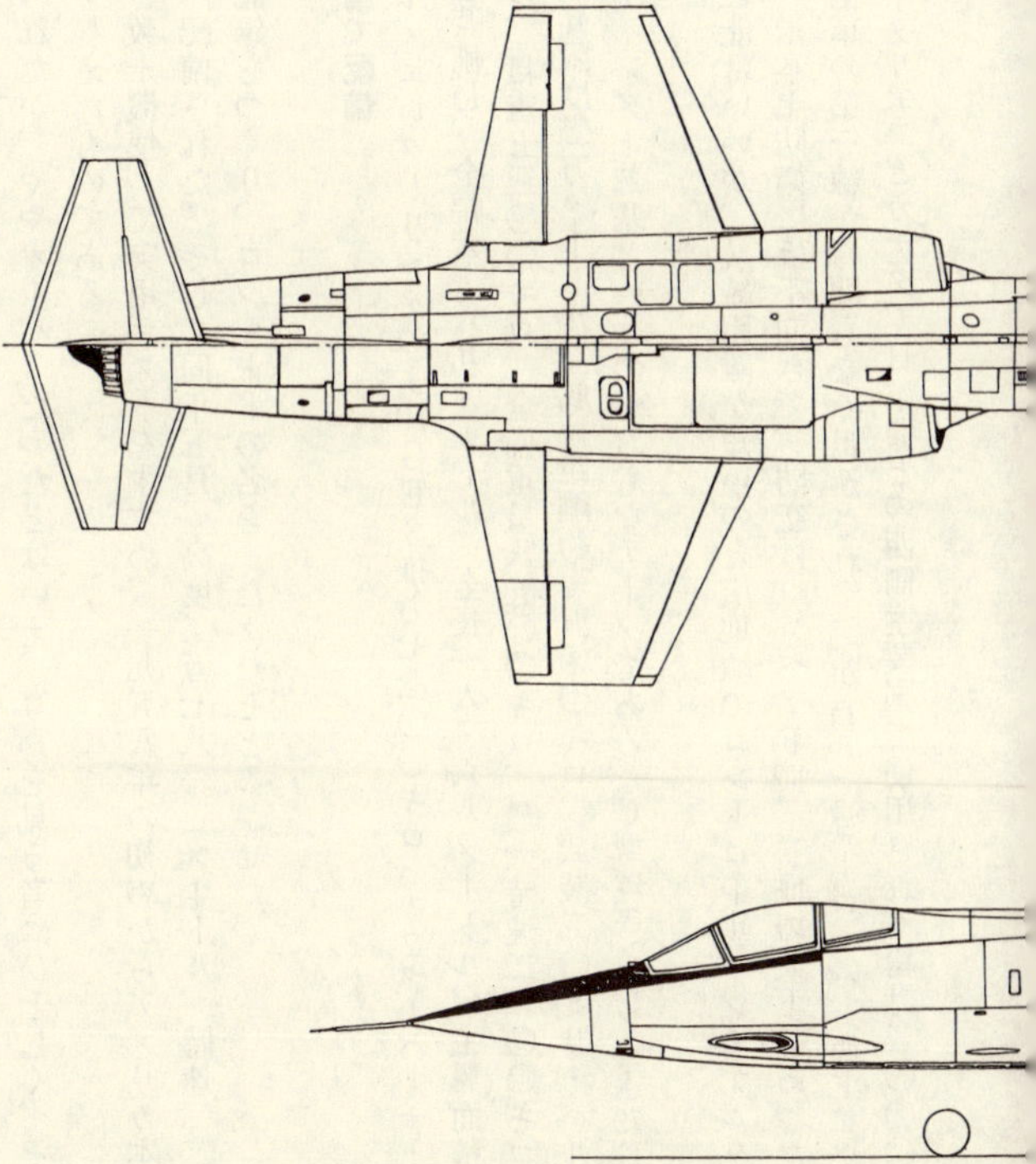

体、薄くて短い主翼という特異なスタイルによって、〝最後の有人戦闘機〟というキャッチ・フレーズを付けられたが、ややオーバーだったとはいえ、写真を見る者にひとしく、そのとおりという印象を与えたものである。

初期量産型F104Aを数十機使って実用テストをすすめ、一九五八年の初めからアメリカ本土および海外の基地へ配備された。そして同年五月、高度二万七八一三メートル、時速二二五九キロの世界最高記録をつくり、ロッキードの名をまたまたとどろかせた。

F104、NATO各国で配備

F104Aは、ゼネラル・エレクトリックのJ79GE3推力七七〇〇キロ（アフターバーナー付き）エンジン一基を装備し、全幅六・六九メートル、全長一六・六八メートル、主翼面積一八・二平方メートル、自重五三〇〇キロ、全備重量八五〇〇キロ、最大時速二三〇〇キロ（一万メートルで）、上昇限度二万メートル、航続距離約一五〇〇キロ、武装二〇ミリ・バルカン砲一門、サイドワインダー二基というのがおもなデータである（C型はエンジンをJ79GE7に換装）。

しかし、スピード性能はいいが、航続距離が短いのと広地域のコントロール・システムを積む余裕がないため、米本土防衛には不向きで、防空はコンベアF102、F106の天下であった。

このためアメリカ空軍の第一線から間もなく退かされて、かわってヨーロッパ（西ドイツ、オランダ、ベルギー、イタリア）とカナダ、日本などの西側主要国で使用され、総計二〇〇〇機以上が生産されることになった。

ヨーロッパとカナダのものはG型であり、日本のはJ型（愛称「栄光」）である。J型は、基本的にはG型と変わりなく、三菱で国産化され、航空自衛隊が一九六二年八月から七個中隊を編成配置した。

日本のように狭い国土では、F104の性能でじゅうぶんであり、バッジ・システムと連動することもできる。だが、アメリカとの共同防衛態勢から考えて、機体の狭小による搭載能力不足はいなめなかった。

XF104のテスト飛行後、テスト・パイロットのトニー・リバー(右)らと歓談するグロス会長(背広姿)。

しかし、F104「スターファイター」が、マッハ二の超音速と、一万六〇〇〇メートルまで一分という上昇力を持っていたことは、当時の水準からいって驚くべきことで、その意欲は高く評価されていい。

NATO向けG型のうち、西ドイツに配備されていた機体がしばしば事故を起こし、大問題になった。

「F104Gは欠陥機だ。西ドイツのパイロットの腕が悪いのではない！」

NATO 諸国で配備された F104。写真は西ドイツ空軍の F104G。

「何者かによって、西ドイツのＦ104に爆破装置が仕掛けられているのではないか」

などのうわさがしきりに乱れ飛び、Ｆ104の飛行が禁止になったり、パイロットが搭乗を拒否したりするさわぎになった。また、事故死したパイロットの未亡人たちは「スターファイター・ウィドー」を結成して、西ドイツ空軍当局に押しかけ、デモをくり返した。

いかにもＦ104が、トラブルを起こしやすい、安全性の低い機体のようにおもわれているが、事故の原因として、つぎのように考えられる。

まず、西ドイツ空軍のパイロットが天候の安定しているアメリカ本土で訓練を受けている。そのため、曇天の多いヨーロッパで飛行する場合、荒天にたいする処置がよくないこと。さらに、低空飛行の対地攻撃などの戦術支援用戦闘攻撃機として使用していて、このため低空で失速しやすいこと。この二つの要因で事故が多発したとみることができる。

「着陸速度が速いし、翼面積が小さいから、外から見る

F104と自衛隊機の座を競ったグラマンF11F1F スーパータイガー。

と危険なようにみえるのだろうが、操縦がしやすく、不安は感じない」

と、日本の航空自衛隊のＦ104パイロットは言っている。

グラマンに逆転勝ちしたＦ104Ｊ

一九五八年（昭和三十三年）四月五日、国防会議は、グラマンＦ11Ｆ1Ｆ「スーパータイガー」を航空自衛隊のＦＸとして採用することに内定した。

ノースアメリカンＦ86Ｆ「セイバー」ジェット戦闘機の旧式化にともない、二次防における次期主力戦闘機の選定に迫られたのだ。ＦＸの候補機として数機種あがったが、結局、アメリカのロッキードＦ104とグラマンＦ11Ｆ1Ｆの二機種にしぼられた。

そこで数百億円の取引をめぐって、ロッキード社とグラマン社、およびその代理店の間にはげしいかけひき合戦が行なわれ、黒い霧がたちこめた。これが防衛庁や国会にもおよんで、グラマンを推す者、ロッキードを推す者が、互いに非国民呼ばわりするまで発展したのである。

F104J　栄光

　そうしたあげく、翌年六月十五日、グラマン採用決定が白紙にもどされ、ふたたび当時の源田実空将（のち参議院議員）を団長とするＦＸ機種選定調査団がアメリカに渡った。
　帰国した源田調査団長は、「両機を比較した場合、緊急発進およぴ上昇力、スピードの諸点でＦ104がまさる。Ｆ11Ｆ1Ｆはたしかに運

動性は良好で航続距離も長いが、その他の点で劣り、さらに日本向けはまだ原型だけで、テストの余地が残されているのが弱い」

と述べた。

その結果、国防会議は、航空自衛隊戦闘機にロッキードF104の採用を逆転決定したのであった。

たしかに源田氏の言ったように、F104のスピードと上昇力は、日本の防衛において不可欠の要素であり、グラマンF11F1Fのスピードと加速では、やや物足りなかったであろう。

このようないきさつで決定されたF104が、日本向けのF104J型である。

その後、ロッキード社はF104の一部での不人気を挽回し、もう一度自由陣営の各国へ売り込もうと企てた。そこで、F104の中翼を肩翼にして、翼面積も一・五倍にふやし、エンジンをアフターバーナー付きで推力一万一三四〇キロに強化したF104の発展改良型を自主開発した。

これがL1200（F204）「ランサー」であり、最大時速はマッハ二・四を超えると言われている。

なお、宇宙開発の実験にもロッキードF104が使用された。F104に推力二七二〇キロのロケット・ブースターを装備して、三万五七〇メートルの高空へ急上昇して滑空する。このときパイロットは一分間の無重力状態を経験できる。同時に、機首と翼端から過酸化水素を噴射して、大気圏外での操縦訓練も行なえる。これに使用したF104は、ロッキードNF104と呼ばれた。

10 隠密偵察機・U2の失敗

米全軍で使用されたC130型

「コンステレーション」の優美なスタイルとは似ても似つかないが、筋肉隆々とファイトをむきだしにしたかっこうの「ハーキュリーズ」は、またそれなりに美しい機体であった。

ロッキードC130「ハーキュリーズ」が、旧型のフェアチャイルドC119およびC123にかわり、近代軍用輸送機として開発されることになったとき、

「民間旅客機とは使用目的がちがうのだから、スタイルは二の次にして、頑丈な、積載力の大きい、使いやすいものにしよう」

とスタッフの意見は一致した。

またエンジンは、アメリカの軍用輸送機として初めてのターボプロップを用い、その長所をじゅうぶんに取り入れることになった。

空軍と陸軍は、戦略上の見地によって、この輸送機から統合して用いることになり、同じ

仕様でいいと言う。これで開発の手間が省け、時間が大きく節約された。

こうしてできあがった機体は、太く短い真円の胴体に、主翼が縦横比の大きい細長い形状の高翼で、主脚を中央胴体下の左右に取り付けたバルジから出し入れするという、きわめてユニークで機能的な形となった。

とくに、胴体の後部下面から車両

C130A　ハーキュリーズ

や兵器、兵員を降ろすため、大きな下向きの扉を設けたので、尾部がぐんとそり上がったかっこうになり、その上部に高く垂直尾翼が突っ立って、見た目にはあまり流麗ではない。

〝最後の有人戦闘機〟と騒がれたF104戦闘機が初飛行してからちょうど半年後に、このC130Aも無事に進空した。

全幅四〇・四メ

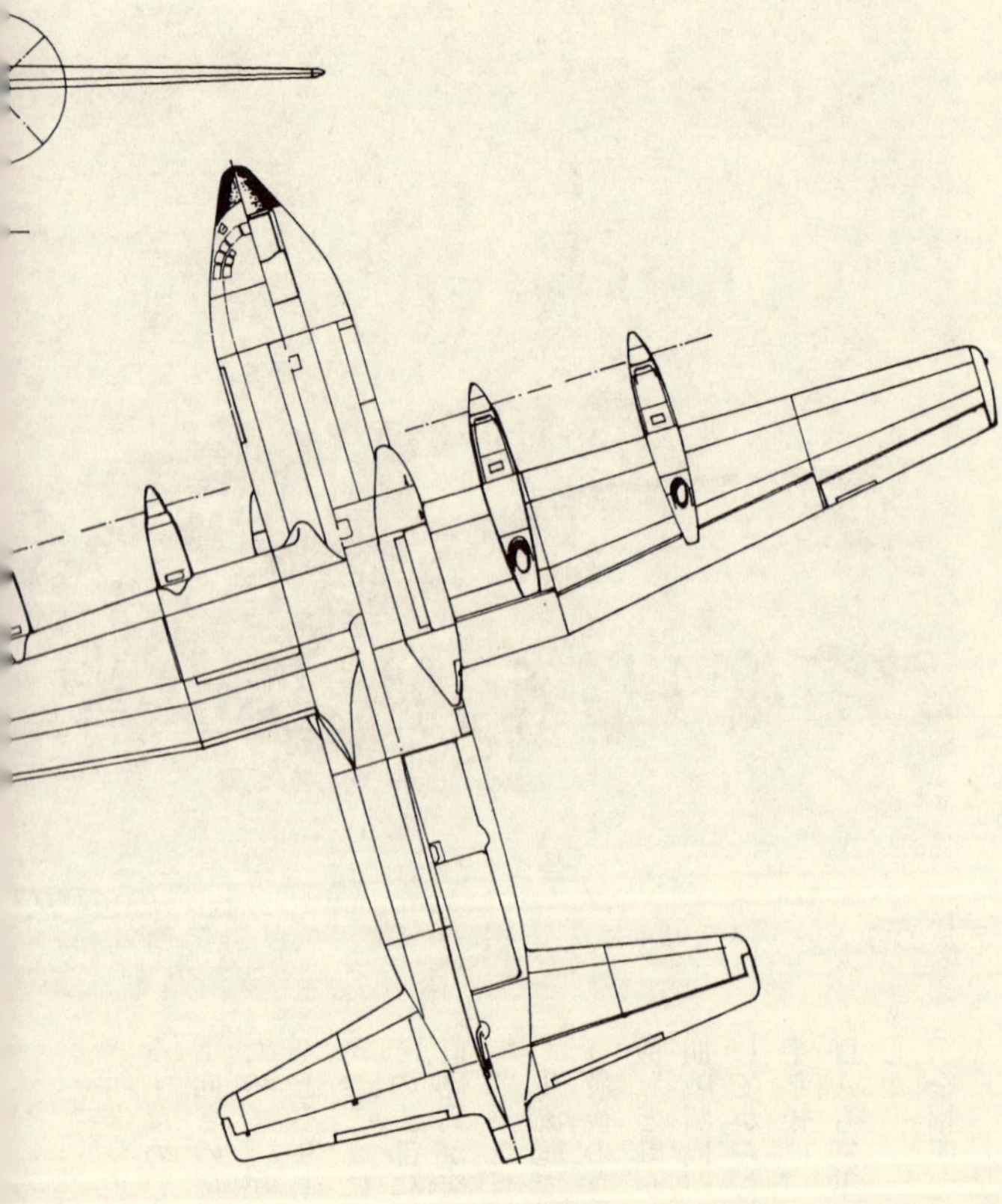

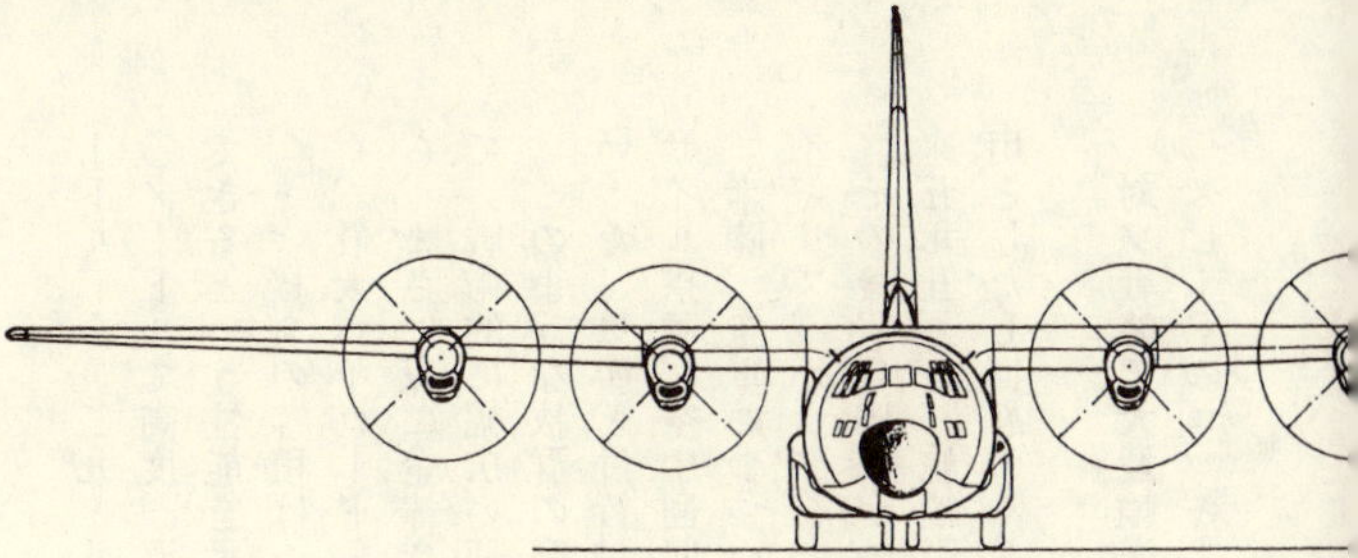

C130E ハーキュリーズ

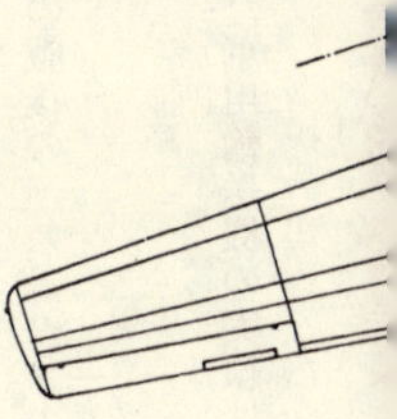

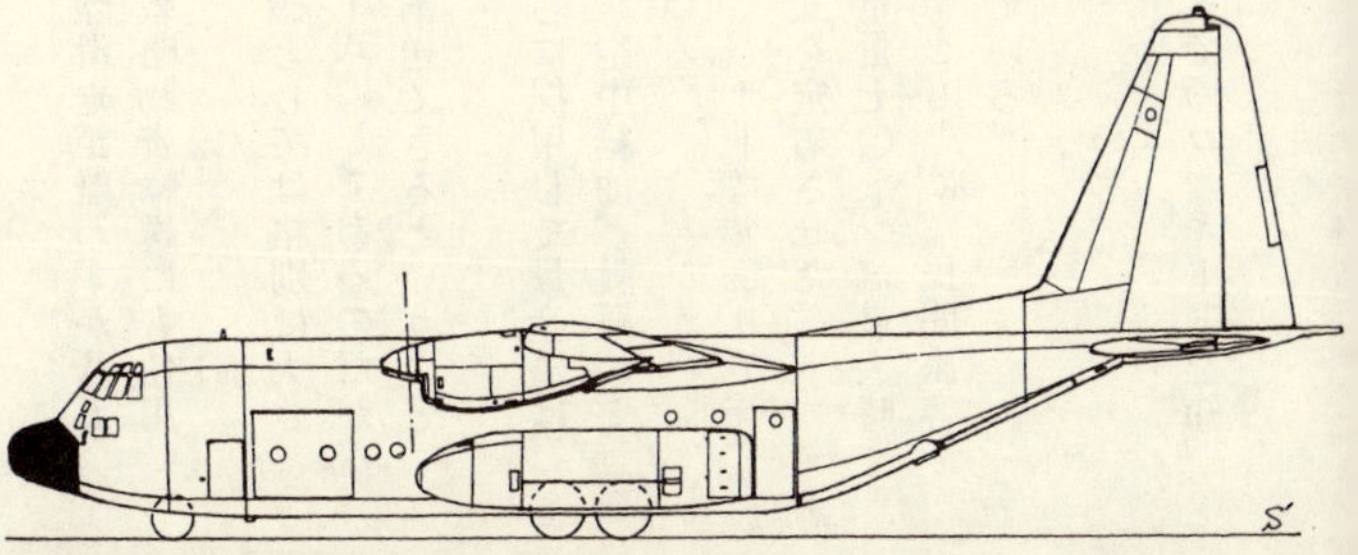

ートル、全長二九・八メートル、全備重量五六・三トンの巨体は、離陸滑走距離わずか八五〇メートルで高度一五メートルまで飛び上がり、進攻にも、後方への戦略物資輸送にも使用できるという性能を示した。

キャビンの容積は一二二立方メートルと言われる。この規格の輸送機としては格別に大きく、最大ペイロード（積載量）二〇トンに達する。これをまた完全与圧式にしてあるのだから、まさに鬼に金棒である。つまり、九〇人の兵員を高々度で長距離輸送できるということで、戦術的に幅広い使用が可能となったわけだ。

このような抜群の高性能にすっかり喜んだ空軍と陸軍当局は、ただちに採用して量産にはいった。量産と併行して改良が重ねられて、戦術輸送用ばかりでなく、空中給油、救難、ミサイル搭載、空中回収など、約四〇種類一三〇〇機以上が生産されている。

米陸、空軍につづいて、海軍および海兵隊でも採用したばかりでなく、オーストラリア、イギリス、カナダなど三〇ヵ国近くが採用して、軍用輸送機の標準形式を定着させた。

その後、C130Eがつくられ、エンジンは四〇五〇馬力を四基、全備重量七〇トン、最大時速五九五キロ、航続距離七五〇〇キロ（最大）におよぶ。またこのE型をもとに、民間旅客用としたL100もつくられ、ロッキード社の戦後のベストセラーとなっている。

対ソ戦略で大型輸送機を開発

〝スピードのロッキード〟がC130で示した軍用輸送機の実績は、それまでのロッキードを知

兵員90名を長距離輸送し、米四軍が採用した高性能機、C130輸送機。

る者には奇異に思われるが、何でも率先してやってみようという、パイオニア精神のあらわれとでも言おうか、そのバイタリティは大いにほめられてよい。

この成功のあと、こんどは、C124「グローブマスターII」にかわる戦略長距離輸送機開発の話がもちこまれた。

ロッキードU2隠密偵察機がソ連上空で撃墜され、国際問題となったころである。対ソ連との関係上、アメリカ空軍の空輸力を強化することが急務だったので、その開発は真剣に進められた。すなわち、空輸と貨物の積みおろし作業を能率化して、空陸一体となった貨物空輸システムをつくりあげ、それに応じた飛行機にしようというのであった。

一九六三年十二月に初飛行した原型は、ゆるい後退角をもった主翼に、燃料消費の少ないターボファン・エンジン（推力九五二〇キ

C141 スターリフター

ロ）四基がつるされていた。形はC130の胴体をスマートにした形の大型機（全幅四八・七七メートル、全長四四・一九メートル、全備重量一四四・三トン）である。
　テストの結果、最大時速は九二〇キロ、ペイロード三一・七トン（乗員五人のほか兵員なら一五四人）、航続距離九八〇〇キロ（最大）という

高性能を発揮した。Ｃ141と名付けられたこの機は一九六五年から空輸軍団（ＭＡＣ）に配属された。

　地球上のどこへでも、即座に兵員や機材を緊急空輸できる戦略的価値はもちろん、低空や低速を必要とする空挺部隊の降下作戦や物資の投下などの戦術的な使用も可能であるという、まことに結構なこの機体は、

「スターリフター」と名付けられて二八四機も量産された。その一部がベトナム戦争に投入され、補給輸送や患者輸送を行なった。

勝って苦しんだロッキードC5A

共産陣営からの脅威に対処するため、自由陣営の旗頭アメリカには、本土からいちどきに大兵力を前線へ空輸する必要があ

C5 ギャラクシー

った。この計画にもとづいて米空軍は、より大型の戦略軍用輸送機C5を求めることになった。

一九六三年、ボーイング、ダグラス、ロッキードなどの各社がその要求に応じ、ボーイング案とロッキード案がとりあげられた。しかし、C130、C141の生産で大きな実績をもつロッキード案が、最終的な勝ちをお

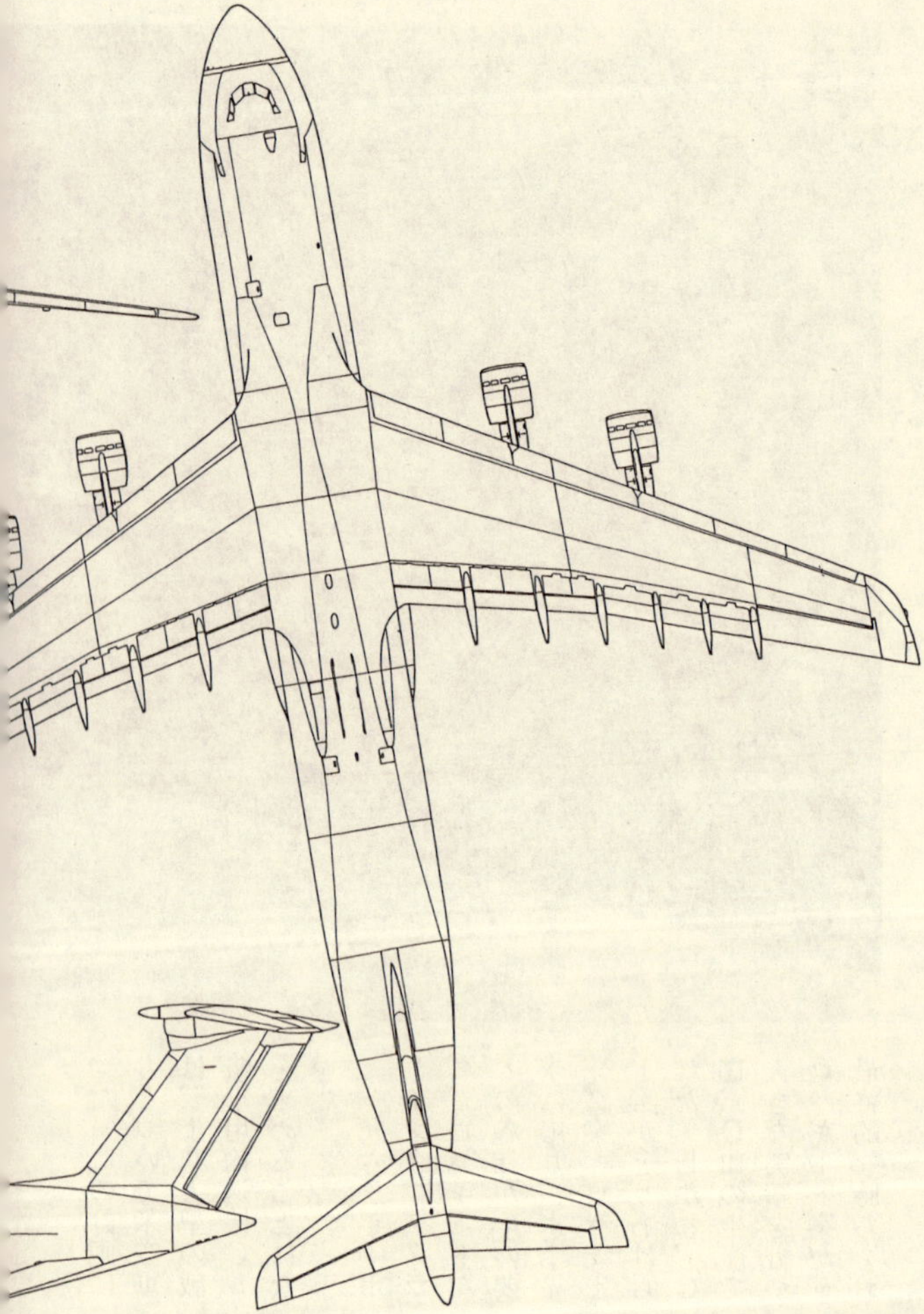

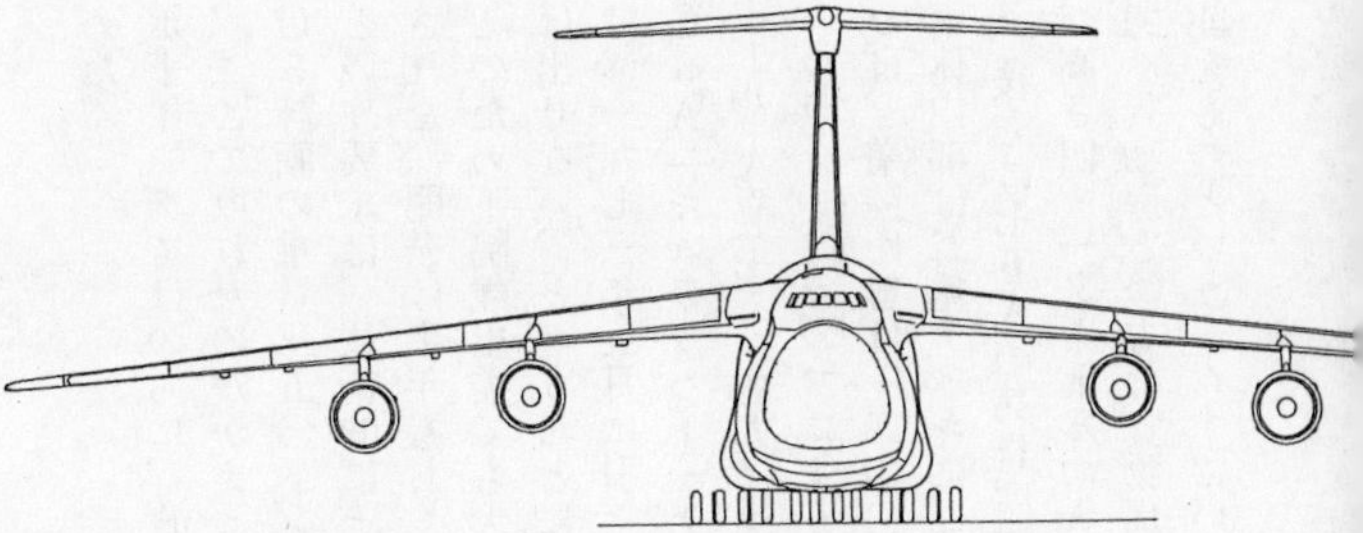

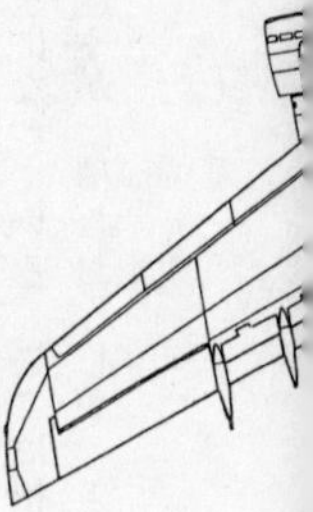

C5A ギャラクシー

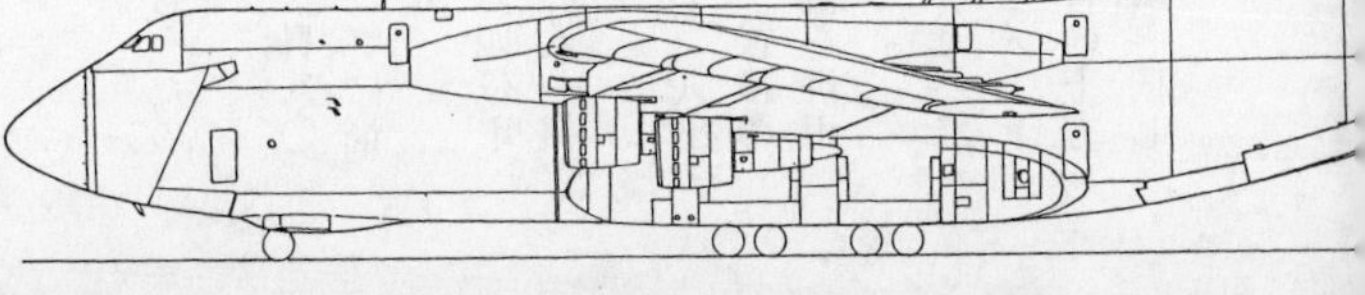

のでさめた。

ボーイングではのちに、自社の案を民間用巨人機747に仕立てあげ、世界の空をおおったので、ここで敗れたのがかえって幸いしたとも言える。

C5計画の重量三五〇トン、最大巡航時速九〇〇キロ、基準航続距離一万キロ、兵員八〇人という要求は、技術的にそうむずかしいものではないが、重量の増加とコストアップに悩まされた。開発は半年もおくれ、初飛行は一九六八年六月三十日になってしまった。

このため下院歳出委でも大問題となり、はじめの一一五機分三五億ドルを上回る四四億ドルは出せない、ということになり、ついに八一機に削減せざるを得なくなった。その八一機目は、一九七三年五月に引き渡しを終わっている。

C5A「ギャラクシー」の構造は、C141をそのままひと回り大きくした（全幅六七・八七メートル、全長七五・四九メートル）標準的なものである。主翼前縁の自動スラット、後縁のファウラー・フラップにより、離着陸性能はきわめてよく、エンジンの推力変向装置を併用すれば、着陸距離は一二〇〇メートルですむという。

胴体内部は二重デッキになっており、上部デッキは前方に操縦室および乗員室（六〜一二人）、後方に七五人の兵員席が設けられ、下部デッキは幅五・八メートル、長さ三七メートル、高さ四・一メートルの大貨物室になっている。ここに積み込んだ貨物類は、機首の上方に開く貨物扉と後方の貨物扉から速やかに積みおろしができ、C130などの戦術輸送機と同じ機能をもつというからすごい。

巨大な機首の貨物扉を開けて、M48戦車と自走砲を搬入するC5A。

全備重量三三〇トン（自重一四七・五トン）を支える降着装置は、合計二八個の車輪である（主脚の片側一二個、前脚四個）。ボーイング747「ジャンボ」の一八個より多いのは、不整地に着陸しなければならない軍用輸送機だからだ。

しかし、この巨人機を成功に導いたのは、なんといっても大出力のエンジンだった。いくら大きな機体がつくられても、それを引っ張れるエンジンがなければ、飛ぶには飛んでも実用にならない。

かつてつくられた巨人機――ドルニエDoX（ドイツ＝一九二九年）、ボーイングXB15（アメリカ＝一九三八年）、サンダースロー「プリンセス」（イギリス＝一九五三年）、そしてロッキード「コンスティチューション」が失敗したのも、みなエンジンの出力不足のためだった。

地球を半周できる航続距離

Ｃ５Ａのエンジンはゼネラル・エレクトリックのターボファンＴＦ39ＧＥ１で、推力は一八・七トンもある。これを四基付けたため、貨物を九九トンから一二〇トンまで積め、最大巡航時速も八九〇キロを出すことができた。

また、燃料消費量を節約できるターボファンのおかげで、最大航続距離は一万三五〇〇キロに達し、地球を半周することができる。機首の上に受油装置があるので、「ストラトタンカー」から空中給油を一回受ければ、地球一周も楽々とできるわけだ。

中東戦争のとき、Ｃ５Ａ「ギャラクシー」は緊急空輸を行なって、その高性能の一端を示したが、思わぬ故障も出たと言われる。やはり軍用輸送機ということで、ボーイング「ジャンボ」のように、何重もの安全装置をつけるわけにはいかないからであろう。

「Ｃ５の民間輸送機型をつくったらどうか」

という要望もあった。そこで、ロッキード社ではＬ500の名のもとに、貨物輸送機と五〇〇人乗り旅客機の案をつくり、各航空会社に提示してみたが、

「あまり大き過ぎて、かえって不便ではないだろうか」

「ボーイング747でじゅうぶん間に合っているから……」

と、各社がためらい、しぶっているうちに、Ｃ５Ａの生産が終わってしまい、民間型案は立ち消えとなった。

ロッキードは軍用型でボーイングに勝ったものの、民間型では完全に敗れた。そして、軍

用型C5A「ギャラクシー」の生産は削減されたまま終了し、民間型ボーイング747はまだまだ生産をつづけている。どちらが得をしたかは、言わずもがなである。

悪いことは重なるものらしく、C5Aの生産削減に追い打ちをかけるように、AH56のキャンセルが通告された。AH56「シャイアン」は、ベトナム戦争で対ゲリラ戦に手を焼いた陸軍の要請で開発中の攻撃型高速ヘリコプターである。つぎつぎと無理な要求が出されたうえにテスト中の事故もあって、一〇機製作しただけで中止になった。このため、ロッキード社の経営が思わしくなくなる。

ソ連のスベルドロフスク付近でミサイルに撃墜されたロッキードU2の残骸(モスクワで公開されたもの)。

U2機撃墜の爆弾発言

一九六〇年(昭和三十五年)五月六日、ソ連のフルシチョフ首相が、

「われわれは五月一日、米機をわが領土内で撃墜した」

と、最高会議で緊急報告をした。

この発言は、雪どけムードだった米ソ関係を凍りつかせた。同首相はさらに七日、「米

機はパキスタンのペシャワルからアフガニスタンを経てソ連に侵入し、アラル海の上空を通って北へ抜ける途中、スペルドロフスク市付近で撃墜された。パイロットのパワーズは、パラシュートで脱出、捕虜にした。彼は元米空軍大尉で、現在ＣＩＡ（米中央情報局）に勤務している」と発表した。アイゼンハワー

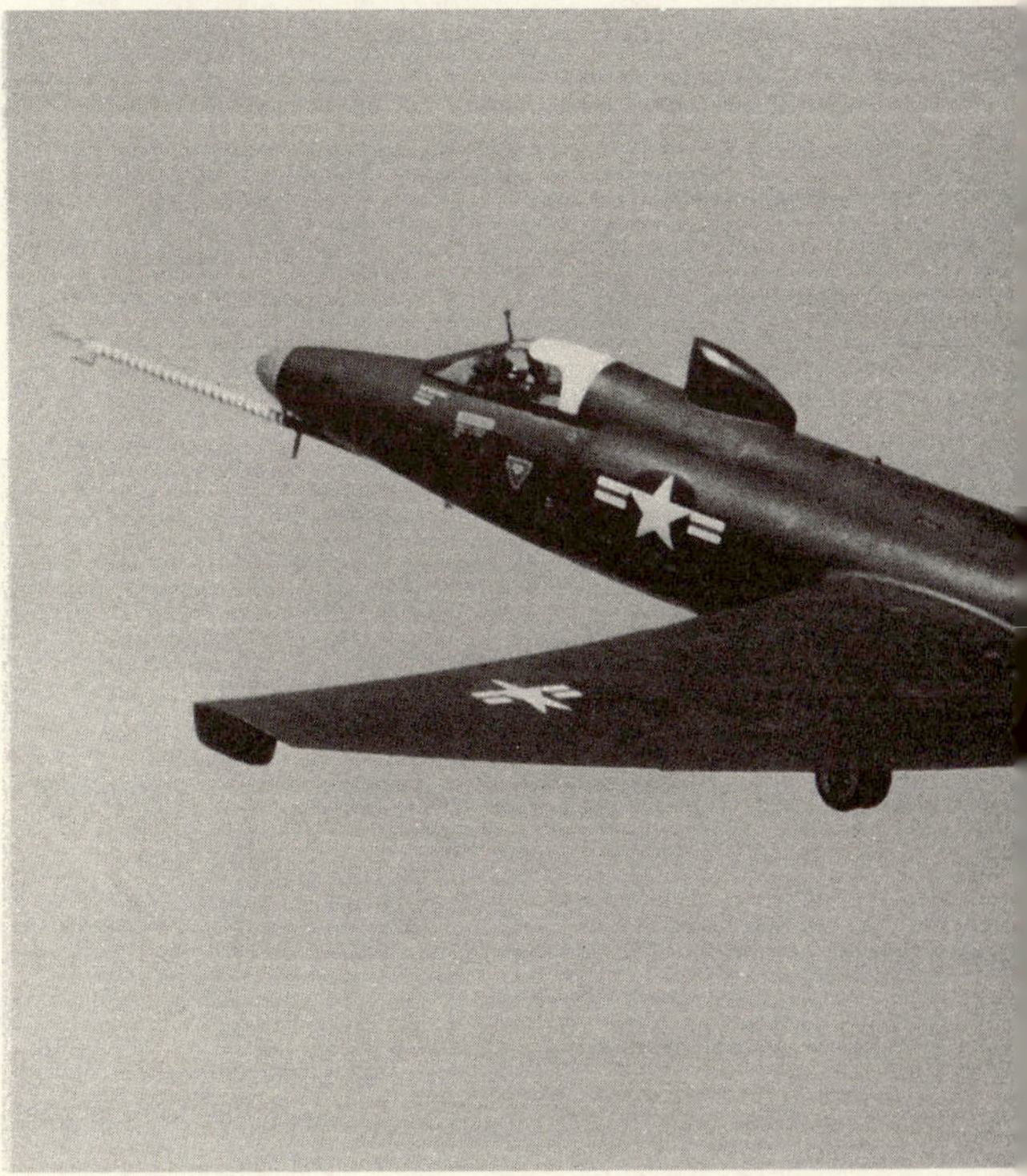

大統領は青くなり、国務省を通じて弁解した。

「ソ連上空飛行の許可は出していなかったが、鉄のカーテン内にかくされている情報を得ようとの努力のために、非武装のU2型民間機のソ連領土上空飛行が行なわれたものと思われる。世界の現状からして、どこの国でも情報収集活動をやっていることは、もはや秘

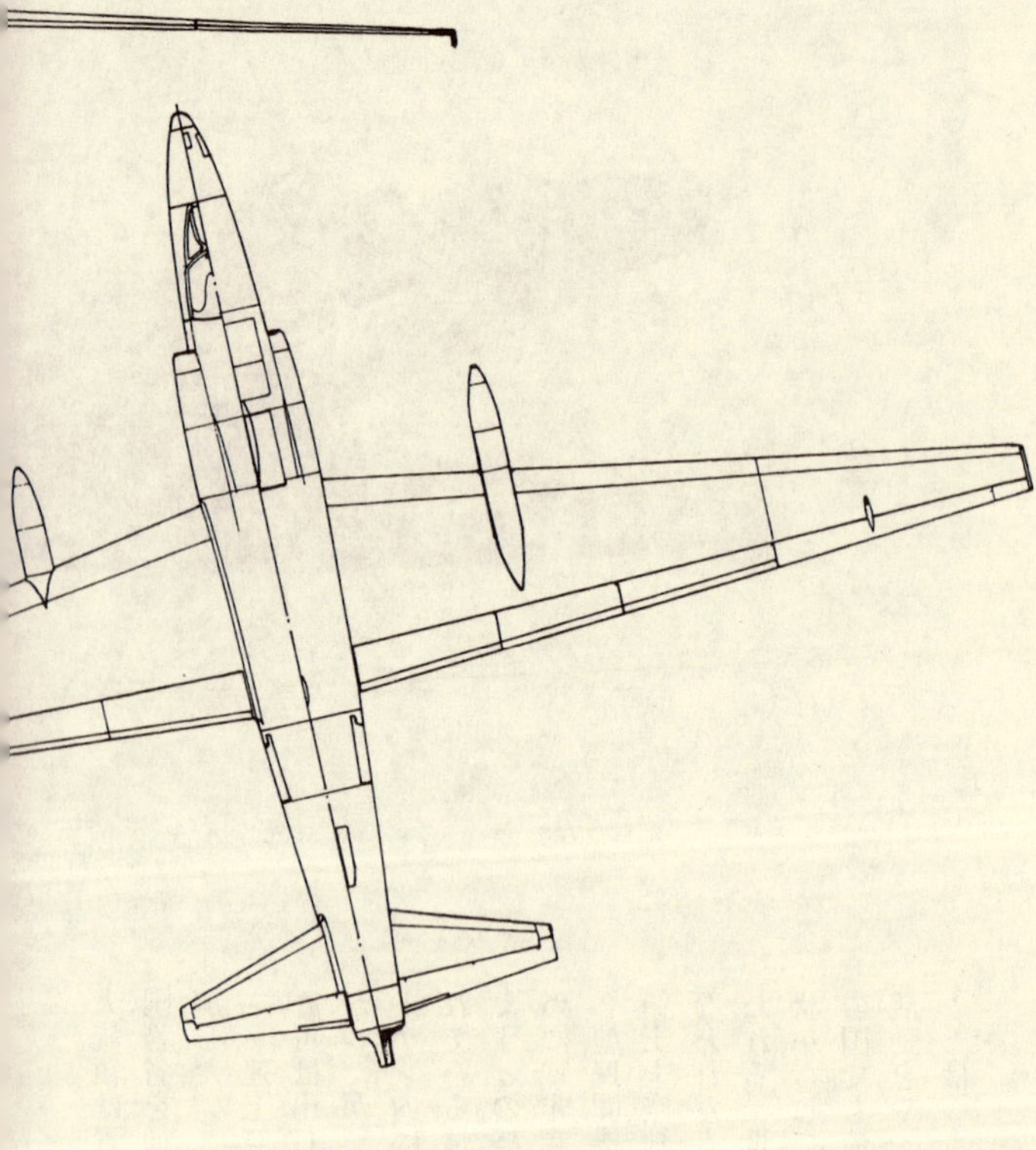

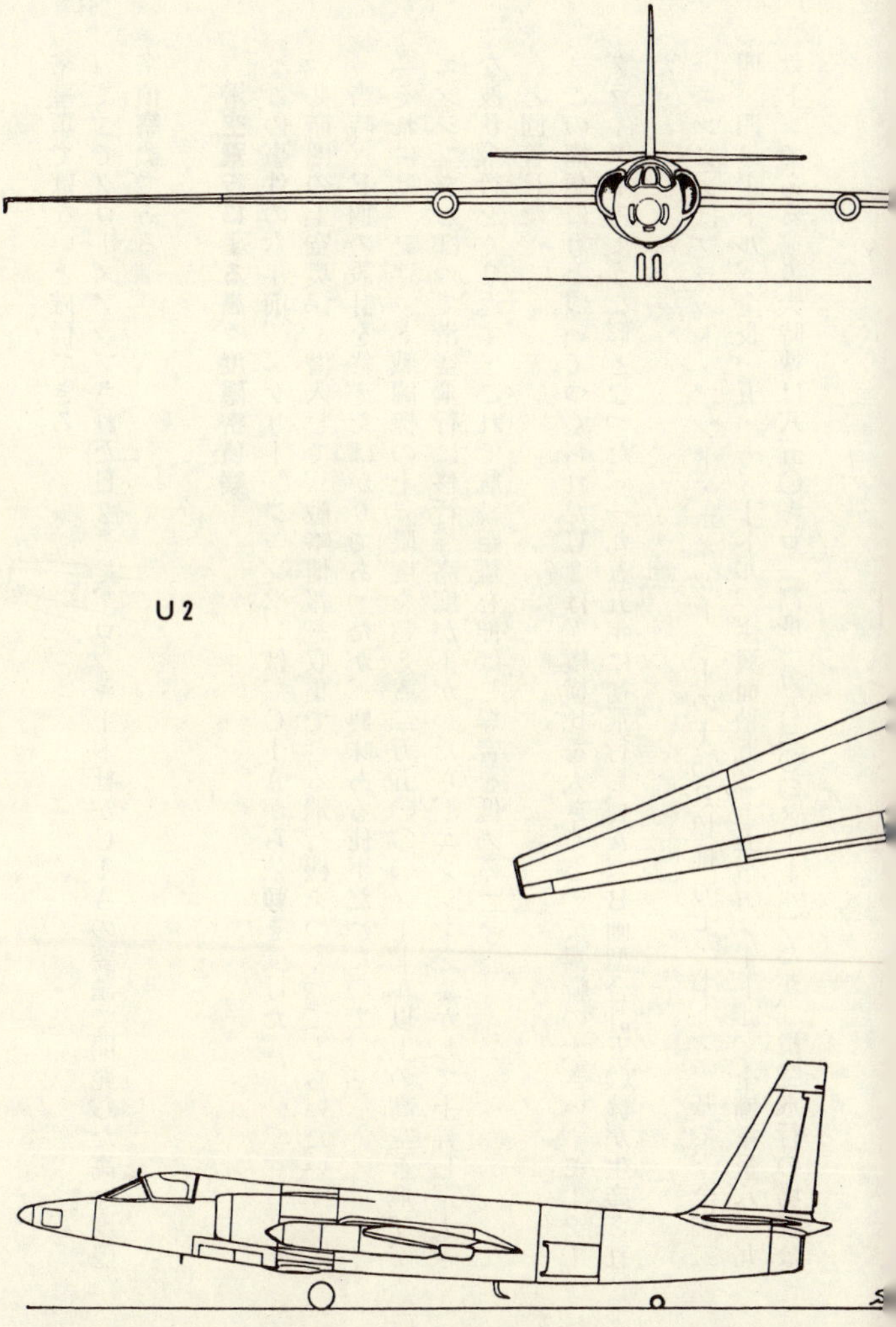

U 2

密事項ではないと確信できる」

ここでクローズアップされたU2こそ、ロッキード社がCIAの要請で開発した高々度隠密偵察機である。

滑空飛行による高々度隠密偵察

この事件の六年前、〝ゲリー〟ジョンソンは、CIAから依頼を受けた。

「共産圏の上空奥深く潜入して、戦略情報を収集できる飛行機をつくってもらいたい」

当時、F104の設計を終えたばかりであったが、興味ある仕事だったので、

「それには、ジェット戦闘機の上昇限度を超える二万五〇〇〇メートル以上の高空を飛び、エンジンをしぼって滑空飛行に移行、高度が下がったら、エンジンをふかして上昇し、大きな波状飛行をくり返す。これで航続距離を伸ばし爆音を低める」

と回答した。

この構想にもとづいてつくられたU2は、縦横比を大きくとって翼幅の大きい、モーターグライダーのような形となった。一九五五年に初飛行し、A、B両型合計五〇機が生産された。

エンジンはプラット・アンド・ホイットニーのJ75P13推力七・七トン一基で、全幅二四・四メートル、全長一五・一メートル、主翼面積五二・五平方メートル、全備重量八・九六トンである。最大時速は八五〇キロ（高度一万八三〇〇メートル）だが、滑空飛行の場合は

もちろんスピードはおそくなる。上昇限度は二万七四〇〇メートルで、ふつうのジェット戦闘機では、攻撃が無理な高度だった。

CIAが使ったU2は、公式にはアメリカ航空宇宙局(NASA)に所属し、民間ベースで契約されたパイロットが乗って、西ドイツなどヨーロッパ地域に一九五六年から配置され、スパイ活動に従事した。日本の厚木基地にも翌一九五七年三月から現われ、合計三機だったという。

そのうちの一機が、一九五九年(昭和三十四年)九月二十四日、神奈川県の藤沢飛行場に不時着して問題を起こした。これが〝黒いジェット機〟(黒い塗装)として、U2が日本に大きくクローズアップされた始まりである。

ソ連で裁判にかけられたパワーズは、みずからのスパイ活動を認め、

「U2は、機体後方の爆発で操縦不能になった。私は無我夢中で脱出した」

と答えて、あっさり三年の禁固と七年の重労働刑に服した。

ところが、アメリカで禁固三〇年の刑に服していたソ連の大物スパイ、ルドルフ・アベル大佐と交換の話がまとまり、わずか一年半後にアメリカへ帰った。その後のCIAの調べで、

「U2は、ソ連の近接信管付きミサイルで撃墜された」と語った。

これでU2の滑空飛行によるスパイ活動は、非常に危険なことがわかり、中止された。その後は、超音速のSR71戦略偵察機で、目にも止まらぬ隠密偵察を行なうことになった。

SR71、スピード記録を樹立

このSR71というのがまた、U2を手がけた〝ケリー〟ジョンソンの設計であった。はじめ超音速研究機ロッキードA11として、一九六一年に開発された（一九六二年四月二十六日初飛行）。これをYF12A戦闘機としたのち、U2のソ連、キューバ、中国での被撃墜率の高さから、

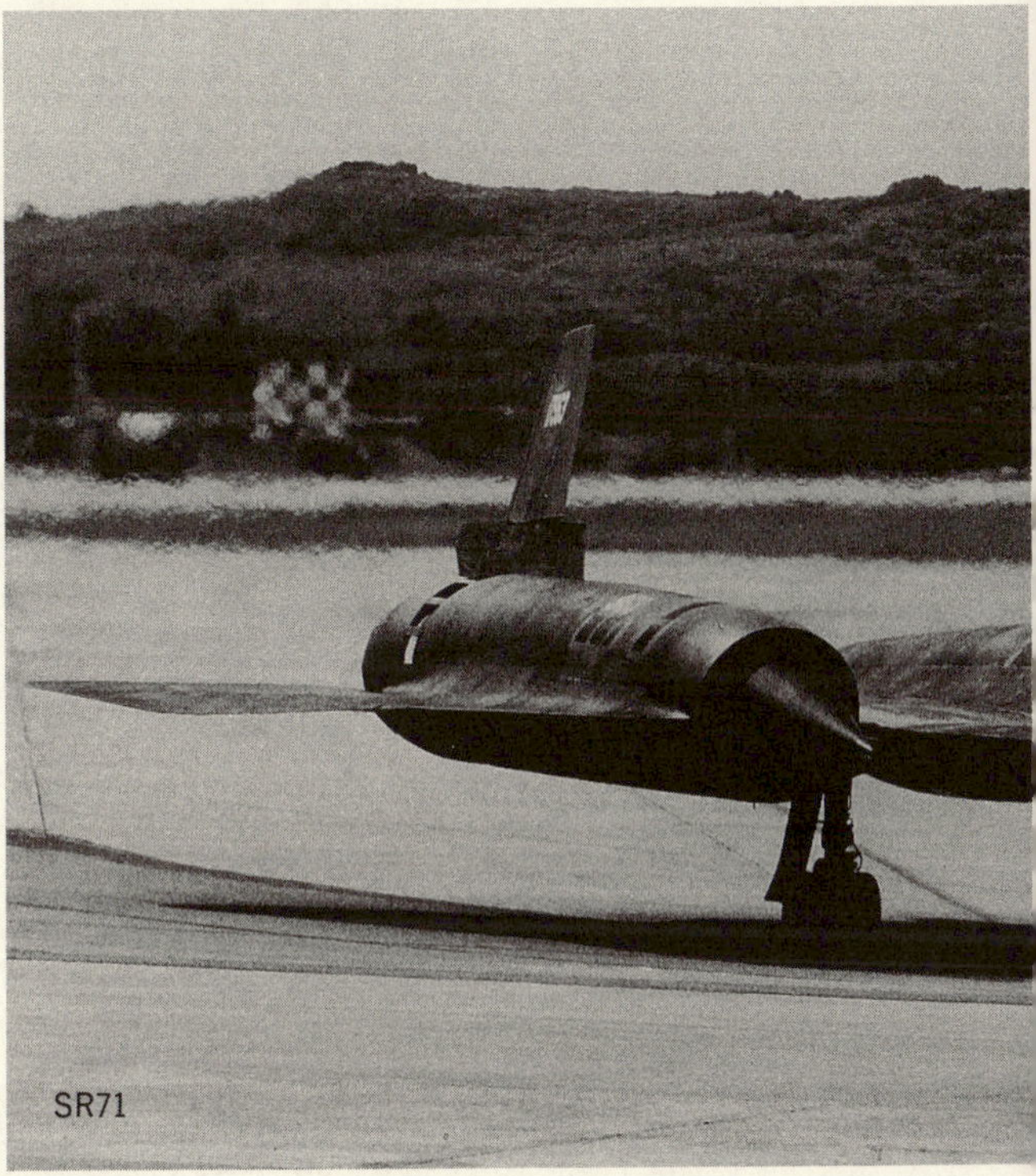

一九六四年末、超音速超高々度偵察機に改変されたのである（一九六四年十二月二十二日初飛行）。

全幅一六・九五メートル、全長三七・七五メートル、全備重量七七トンのエイに似た巨体である。推力一五・四トン（プラット・アンド・ホイットニーJ58）のエンジン二基を装備して、最大時速はマッハ三に達

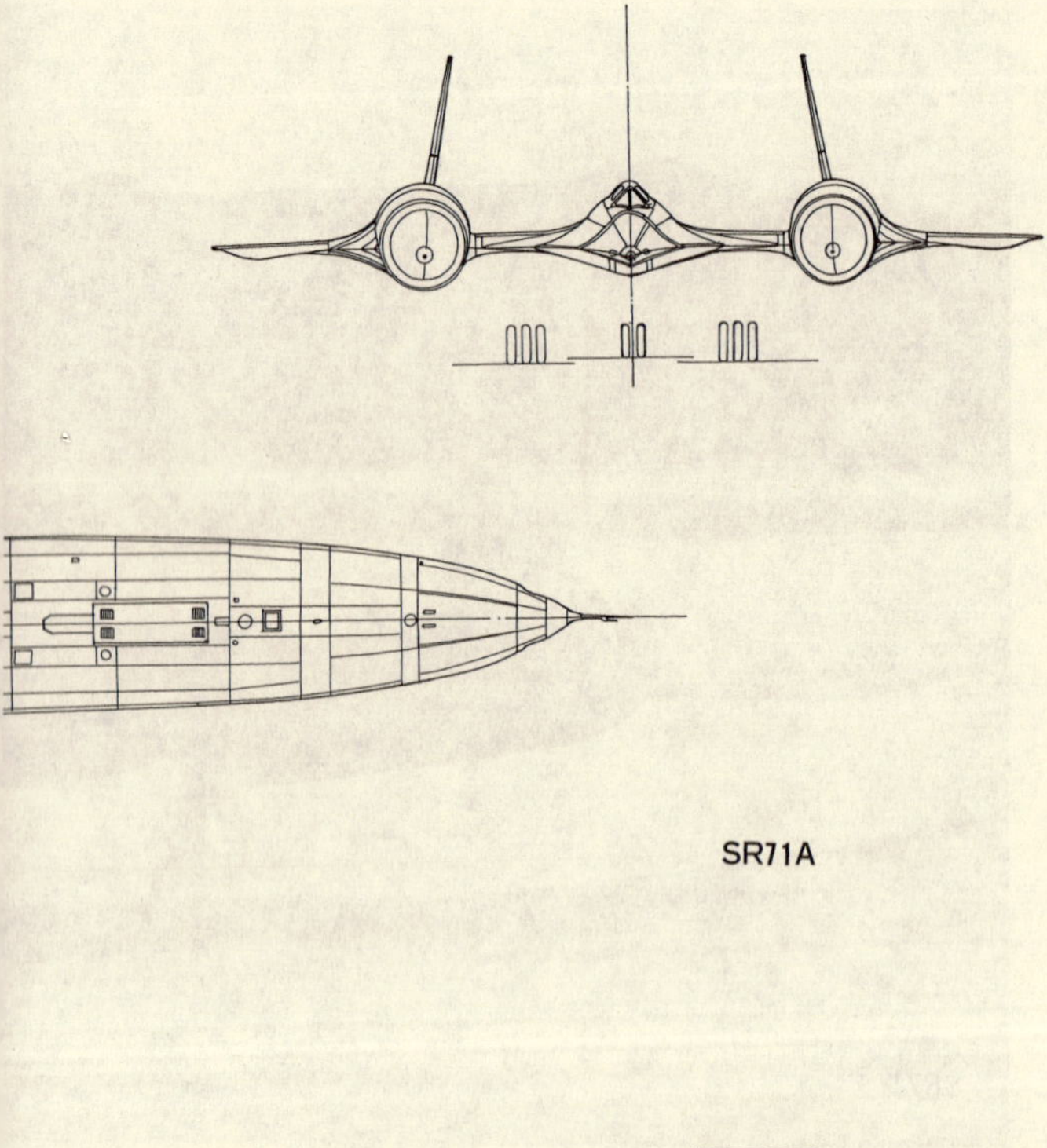

SR71A

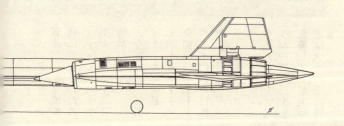

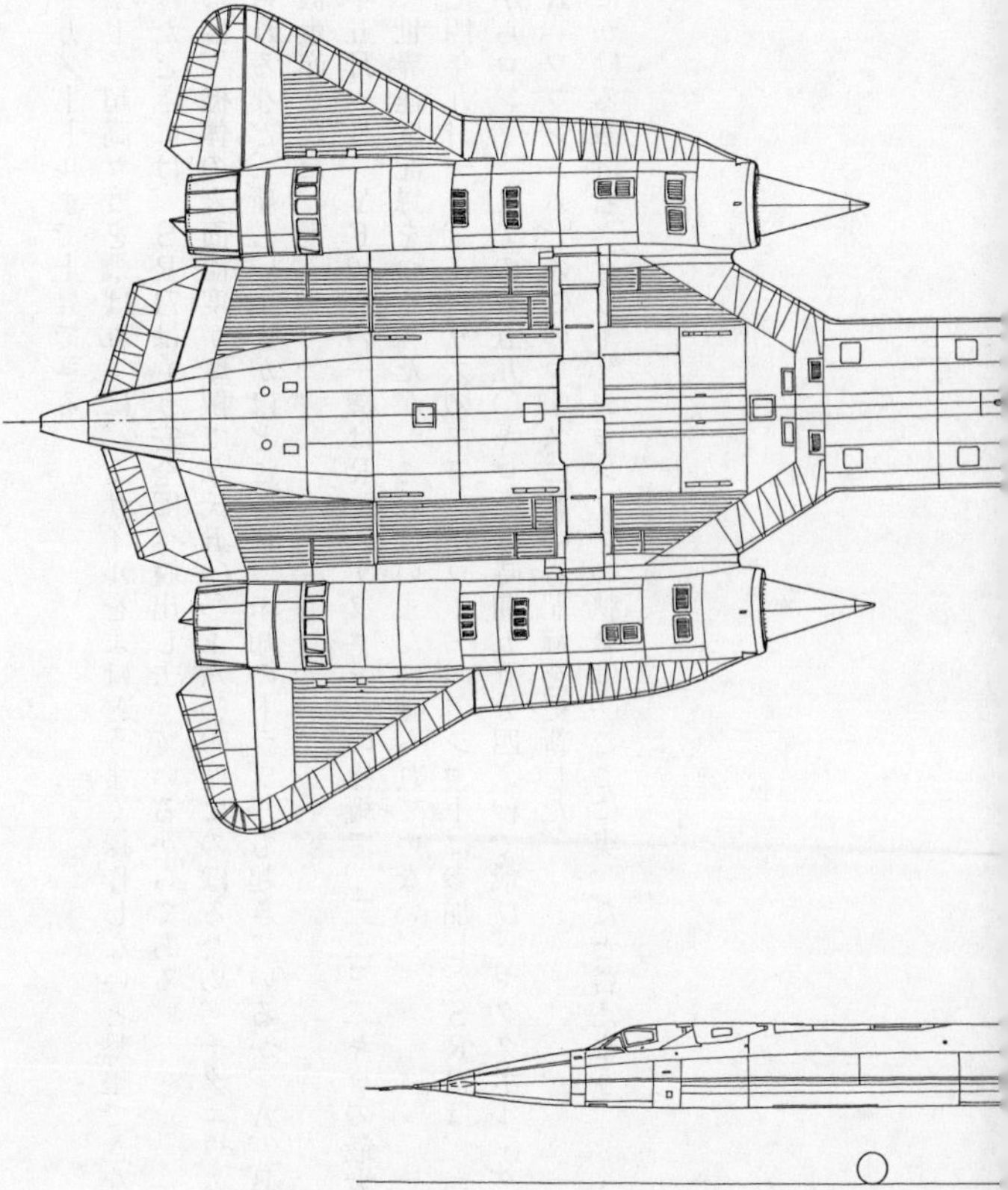

し、高度も三万メートルまで上昇できる。

このスピードで超高々度を飛ばれては、ミサイルをよほどうまく操作しないと撃墜できない。追いかけたときには、SR71はもう安全圏へ脱出し去っているからである。

超音速時には、機体の表面温度が摩擦で華氏五〇〇～六〇〇度にのぼるため、チタニウム合金でつくられるなど、新しい工夫がほどこされ、未知のトラブルも起きているが、A、B型合計三五機生産された。

一九六五年五月一日、YF12Aの一機はR・ステフェンスの操縦で、三三三二キロの最大時速を出し、世界速度記録をつくったが、これはいまだに破られていない。

また一九七四年九月一日、イギリスのファンボロー・エアショーに参加したSR71は、ニューヨークからロンドンまでの五五九〇キロを一時間五五分四二秒で飛び、マクダネル・ダグラスF4K「ファントム」のこのコースにおける記録を更新した。

スピードにかける設計者〝ケリー〟ジョンソンの執念は、ここに実ったと言えよう。

⑪「トライスター」の悲劇

世界最初のジェット・ビジネス機

優美な四発プロペラ旅客機「スーパーコニー」を溺愛《できあい》し、四発ターボプロップ旅客機「エレクトラ」の見通しを誤って、四発ジェット旅客機の開発におくれをとったロッキード社が、その後おもに軍用機とミサイル、宇宙機器を手がけてきたことは、それ自体、賢明だったと言える。

エアバスの販売合戦が激しくなってきた、一九七〇年代はじめのロッキード社の販売額をみてみよう。

アポロ宇宙計画などのため政府への売り上げ額が二三億五〇〇〇万ドルあったのに比べ、民間では一億九〇〇〇万ドルと、きわめて小さい。

これは、大型ジェット旅客機の民間市場《シェア》の大部分がボーイング、ダグラスなどによって占められていたことにもよる。

この例からもわかるように、ロッキード社は、国と密接に結びついて成長してきた、いわゆる〝産軍複合企業〟の典型であった。

とはいえ、ロッキードが民間ジェット機に無関心であったわけではなく、大型ジェット機よりふたまわりも小さいジェット・ビジネス機の分野では、パイオニアとしてその名をとどめ、いまでも重用されていることに目を止める必要がある。

一九五四年（昭和二十九年）、アメリカ空軍は小型の多用途輸送機を求めて、その仕様を各社に提示してきた。

そのトップをきって、ロッキード社で自主開発したのがL329「ジェットスター」で、アメリカ最初であると同時に世界最初のジェット・ビジネス機だった。アメリカ初のリア・ジェット（ジェット・エンジンが胴体後部や尾部付近に設けられている型式）機でもある。

ロッキードでは、開発にあたって、

「どうせ自主開発なのだから、民間市場にものせられるものにしたい。少し高級にしても……」

と張り切り、設計開始からたった二四一日（約八ヵ月）で完成したと言われるが、さすがロッキードの機体と言えるだけのものがある。そのまま前後左右に引きのばせば、四発大型ジェット旅客機となるような感覚をもっていた。

しかもその初飛行は、一九五七年九月四日だから、まさにターボプロップ「エレクトラ」の三ヵ月前である。

世界最初のビジネス用ジェット機、ロッキードL329ジェットスター。

いったいなぜ、〝ミニ四発ジェット旅客機〟をつくっていながら、一方でターボプロップ旅客機をつくっていたのだろうか。すでに当時の航空界は、四発ジェット旅客機の開発とテスト時代を迎えていた。いくらマーケティング・リサーチが悪かったといっても、先もの買いのロッキードにしては、あまりにもスピーディでなさ過ぎる。

ターボプロップ機は、のちにのべる対潜哨戒機にまかせて、ジェット・ビジネス機のあと、すぐに四発ジェット旅客機を開発すべきだった。

そうすれば、ダグラスＤＣ８あたりとも、じゅうぶんに対抗できる機体と余裕をもてたはずである。さらにまた、現在のＬ１０１１「トライスター」の売れ行き不振などにつながらなかったであろう。

「ジェット時代の前に、一〇年間ほど、ターボプロップ(四発)時代がある」

という迷いが、のちのロッキードの経営不振につながっていると言える。

米国で開発中止になったSST

ところで、ロッキードL329「ジェットスター」は、四発リア・エンジンの予定だったが、適当な小推力エンジンがなかったので、イギリスのブリストル「オーフュース」エンジンの双発リア型式とした。まもなく、推力一・五トンのJT12Aジェット・エンジンができたので、予定どおり四発型式に改められ、L1329「ジェットスター」Iとなった。

両翼の中央付近に、かなり大型の燃料ポッドを取り付けたり、エンジンにスラストリバーサー(逆噴射装置、エンジンブレーキのこと)が付けてあったり、可変水平尾翼として角度を変えられるなど、いろいろ特徴をもつ、アメリカのビジネス機の中でも、きわだった存在である。

米空軍は、大統領をはじめ要人の輸送用に、C140と呼んで一六機採用し、民間でも連絡や航法・操縦訓練に用いるなど、合計一七〇機ほど生産された。

エンジンをターボファンに換え、燃料ポッドの位置を変えたりしたものを、「ジェットスター」IIと呼ぶ。

とにかく、あとからできたビジネス機よりかなり大きく、性能もよく(最大時速九一〇キロ、IIの航続距離五〇〇〇キロ)、装備もすばらしくて、四発ジェット旅客機をスケールダウンしたといっても、言い過ぎではない。ロッキード機を好んでいたジョンソン大統領が、C140を専用機として飛び回っていたことは有名である。

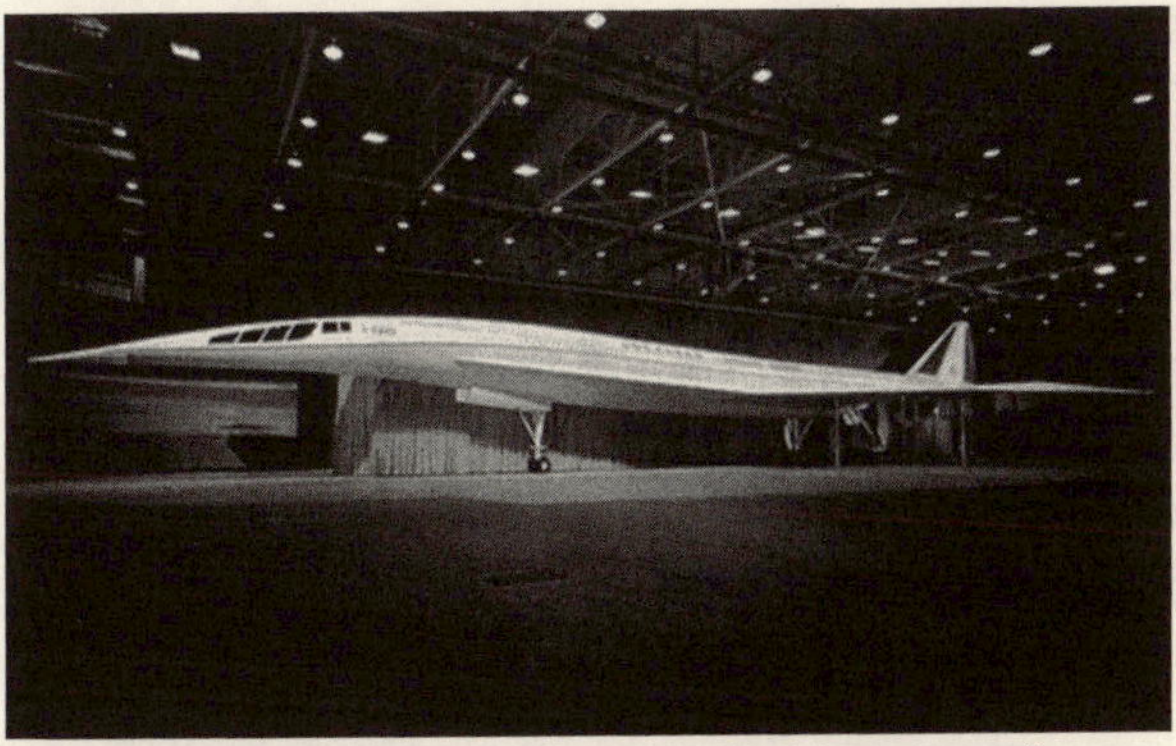

巨大な三角翼を持つロッキード L2000SST(実物大モックアップ)。

なお「エレクトラ」以後、エアラインに登場しなかったロッキードであるが、エアバス「トライスター」が使われる前、一九六三年からマッハ二・七クラスの超音速旅客機(SST)計画に加わって、宿敵ボーイングと覇を競った。

ロッキード案は、英仏共同開発の「コンコルド」に似た三角翼、ボーイング案は可変翼に尾翼を組み合わせたデザインであったが、一九六六年十二月末、いずれかの採用をめぐり猛烈なデッドヒートをくり返したのち、ついにボーイング案に決定した。

ほとんど甲乙はつけがたかったが、ボーイングの可変翼に軍配があげられ、細部設計にはいったとたん、可変翼は時期尚早の理由で設計変更となり、あわてて固定翼を採用したボーイングにも、設計を推進中の一九七一年三月末、SST開発中止の命令が出されてしまった。

ロッキードSSTのモックアップ(同寸の木製模型)は、カリフォルニア州バーバンクのロッキード

工場に置いてあったが、俳優のボブ・ホープをはじめ数千人が見学に訪れている。

高性能のＰ３Ｃ

見通しを誤ったうえ、空中爆発やトラブルを何回も起こして評価を下げたＬ188「エレクトラ」であるが、主翼とエンジンの取り付け部を改善してからはよくなり、イースタン、ウェスタン両航空

P3C オライオン

会社をはじめ、いくつかのエアラインに就役した。

ロッキードはこの機体をもとに、対潜哨戒機P3「オライオン」へ発展させた(一九五九年十一月初飛行)。

すでに古くなったP2「ネプチューン」の後継機としてであるが、何しろ広い「エレクトラ」の客室いっぱいに、対潜用の電子機器を多量に

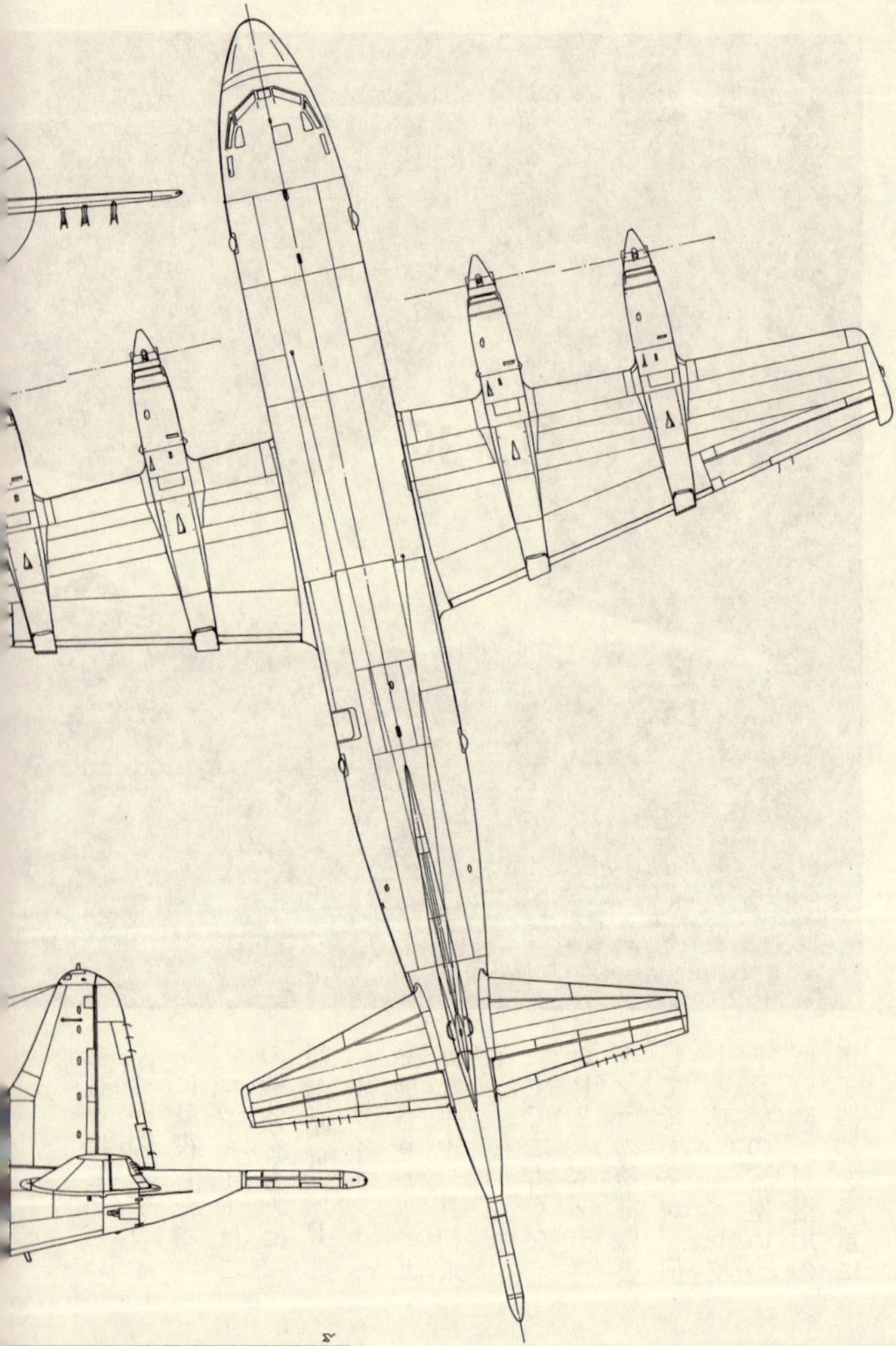

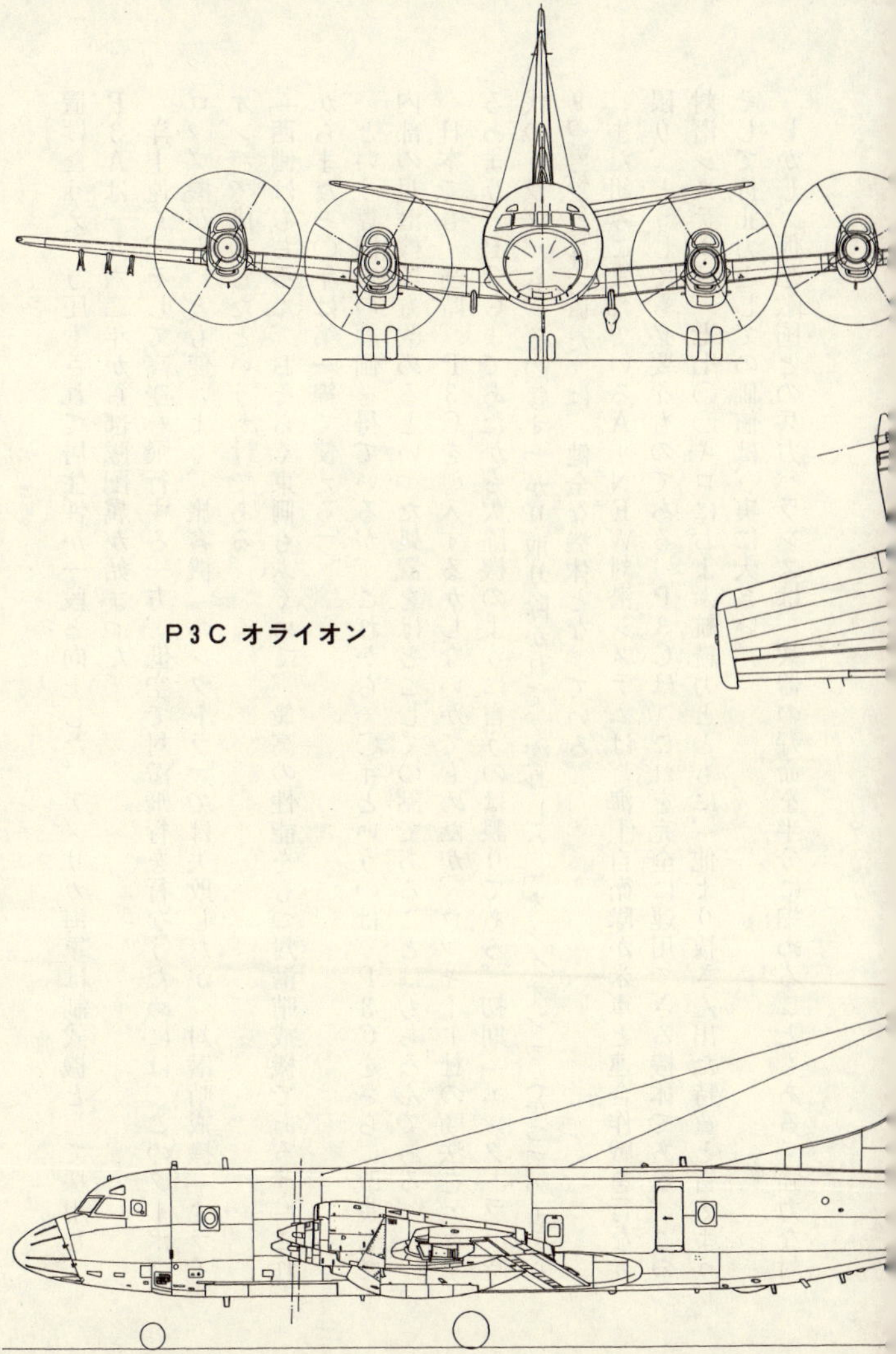

P3C オライオン

置けたうえ、与圧もされて居住性が一段と向上した。アメリカ海軍は制式機として採用し、P3Aは一九六二年から部隊配属が始まった。

洋上遠く、そして高空を飛行する一方、低空で対潜飛行を行なうためには、このターボプロップ機がもっとも使いよく、旅客機「エレクトラ」では失敗したが、対潜哨戒機「オライオン」で成功したというわけである。

「西側はもちろん、おそらく東側もふくめて、最高の性能をもつ対潜哨戒機であろう。これからまだ一〇年は第一線で使える」

という専門家の評価を得ているが、これから一〇年というのは、P3Cをさらに改良して、内部の対潜機器も改めるといった処置をほどこしての話であることはもちろんである。

日本でも、当時、P3Cを導入するかしないかでもめたが、ロッキード社の商法を云々するあまり、P3Cまであたかも欠陥機のように言うのは誤りである。初期「エレクトラ」時代のトラブルも、その後すっかり取り除かれて、変身した「オライオン」(かつてのモデル9の愛称を受けついだ)は、健全な機体となっている。

また組みこまれているA《エイ》-NEW《ニュー》対潜システムは、海上自衛隊が米軍と連合作戦を行なう限り、どうしても必要なものである。P3Cは、これを完全に運用できる機体である。この対潜システムは、七七〇〇キロにおよぶ航続力とともに、他より抜きん出た特質と言えよう。

そして抑止力としての価値は、実に大きい。

しかし、仮想敵国との兵力バランスは、兵器の寿命を半分に縮めることもある。強力な対抗兵器が出現した場合、その相手を上回る能力をもつ兵器を考えておかなければ、防衛上、安心とは言えない。だから抑止力じゅうぶんと思えるP3Cといえども、数年を経ずして古くなってしまうかもしれない。

ジェット化された艦上哨戒機、ロッキードS3Bバイキング。

小粒でも辛い「バイキング」

こうしたことから、アメリカ海軍では長距離用の陸上P3Cと組み合わせていた艦上S2（グラマン「トラッカー」）を、新鋭機と交替させることにした。

その計画は、すでに一九六七年ごろからはじめられ、グラマン、ロッキード・LTVグループ、マクダネル・ダグラス、ノースアメリカン・ロックウェルなどのメーカーが参画して激しく競り合った結果、「ネプチューン」「オライオン」で経験の深いロッキード社と、「クルーセイダー」「コルセア」（艦戦）を手がけたLTV社が共同開発するS3に決められたのである。

艦上哨戒機のジェット化は、海軍でもっともおくれていた機種だったが、S3はGE（ゼネラル・エレクトリック社）のターボファン・ジェット（推力四二〇〇キロ）二基を大面積の主翼下につるし、離着艦を容易にした。そして太い胴体には、対潜探知システムがぎっしりつめこまれている。もちろん翼下には、ロケット弾、爆弾、増槽を付けることができる。

S3「バイキング」の一号機は、一九七二年一月に初飛行し、一九七四年七月から空母「ジョン・F・ケネディ」に最初の部隊が配属された。米海軍には約一九〇機が納入される（最大時速七四〇キロ、航続距離三七〇〇キロ）。

エアバス開発競争

空の交通量が飛躍的に増大するとともに、一五〇人前後の収容力しかないボーイング707、ダグラスDC8では、旅客をさばき切れなくなってきた。707は空中給油機から輸送機型に転換したもので、構造上引きのばしはできなかったが、DC8は可能だったので胴体を一二メートルも引きのばし、二五〇人を収容できる60シリーズを一九六六年に完成した。

一方、ボーイングは一九六五年九月に、C5計画でロッキードに敗れた747を、旅客輸送機に直すことを決定し、各航空会社に打診した。

この反響は大きく、まずパン・アメリカンが、一九六六年四月十三日、「747を二五機発注する。最優先して引き渡してもらいたい」

C5計画で敗れたボーイング社が旅客機で成功させた747ジャンボ機。

と言ってきた。

こうした成り行きに、ダグラスとロッキードもあわてて宣言した。

「エアバスの開発を開始する」

いよいよストレッチ(引きのばし)型でなく、ワイドボディ(広胴)型の到来である。

アメリカン航空の要求仕様にたいして、ロッキードの案は三一八人乗りの双発エアバスであったが、あとから申し込んできた他の航空会社が、

「三発にしてもらいたい。大陸横断可能で経済性の高い……」

と望んだうえ、ライバルのダグラスDC10も、三四五人乗りの三発機だったので、ロッキードの計画も、やはり三四五人乗りの三発機におちついた。

そこで、ロッキードL1011「トライスター」とダグラスDC10は、まったくよく似

エアバス開発でロッキードの先を越したマクダネル・ダグラス DC10。

た、素人《しろうと》がちょっと見ても分からないくらいのスタイルになったのだった。しかし、さすがに名デザイナーのヒバード、ジョンソンの流れを汲むだけあって、L1011の線はより美しい。

開発が遅れた「トライスター」

一九六八年二月十五日、アメリカン航空が、

「ダグラスDC10エアバス五〇機を発注する」

と正式に発表すれば、三月三十日にはイースタン航空とTWAが共同して、

「ロッキードL1011を合計九九機発注する」

と申し入れ、両者の戦いの幕は切って落とされた。

しかし、C5計画に敗れたボーイングの747ジャンボ・ジェットは、それから一年後、一

九六九年二月九日に早くも初飛行して、両者を大きくリードしてしまうのである。

また、旅客機の経験が豊富なダグラス社のDC10も、一九七〇年八月二十九日にロングビーチで初飛行に成功したが、これらにくらべ、ロッキードL1011の開発は大きくおくれた。

その原因の第一にあげられるのは、ロールスロイス社のエンジンを使ったことだった。それは騒音をなるべく少なくするためと、ヨーロッパ市場の開拓のためだったが、アメリカの航空機会社がイギリスのエンジンを使用するのは、きわめて異例だった。

このエンジンは、RB211と呼ばれるもので、軽量化をはかるためにファン・ブレード(回転羽根)に炭素で強化した樹脂材を使用した。

しかし、これが失敗し、RB211の開発が大幅におくれただけでなく、多額の開発費用のためにロールスロイス社を経営危機に導いてしまった(ロールスロイス社は一九七一年二月四日倒産、国営となる)。

結局、ロッキード社はL1011に七〇〇〇億円の開発費を投入し、一九七〇年十一月十六日にやっとのことで初飛行にこぎつけた。

ロッキードとダグラスの両エアバスを比べると、「トライスター」の方がやや小さい。それぞれ特徴とよさがあって、いずれが優秀かは即断しかねるが、「トライスター」の方がよりコンパクト化され、中央のエンジンと垂直尾翼の効きは良好と言われている。

L1011　トライスター

コーチャンの猛烈商法

一九七一年八月二日、C5A「ギャラクシー」の生産削減と高速ヘリコプター「シャイアン」の総額八億七五〇〇万ドルにのぼる契約破棄により大赤字を背負ったロッキード社にたいし、倒産防止の緊急融資保証法（二億五〇〇〇万ドル）が可決された。

ホッと一息つい

L1011-1 DC10-30（カッコ内）
エンジン：RR・RB211推力19トン３基（GE・CF6-50C推力23.2トン３基）全幅47.4（50.4）メートル　全長54.5（55.4）メートル　全高16.9（17.6）メートル　主翼面積321（364）平方メートル　自重112（119.9）トン　全備重量195.2（252）トン　最大時速マッハ0.9（0.88）　航続距離3900（7800）キロ　乗員３名（３名）　乗客255〜306（206〜385）名

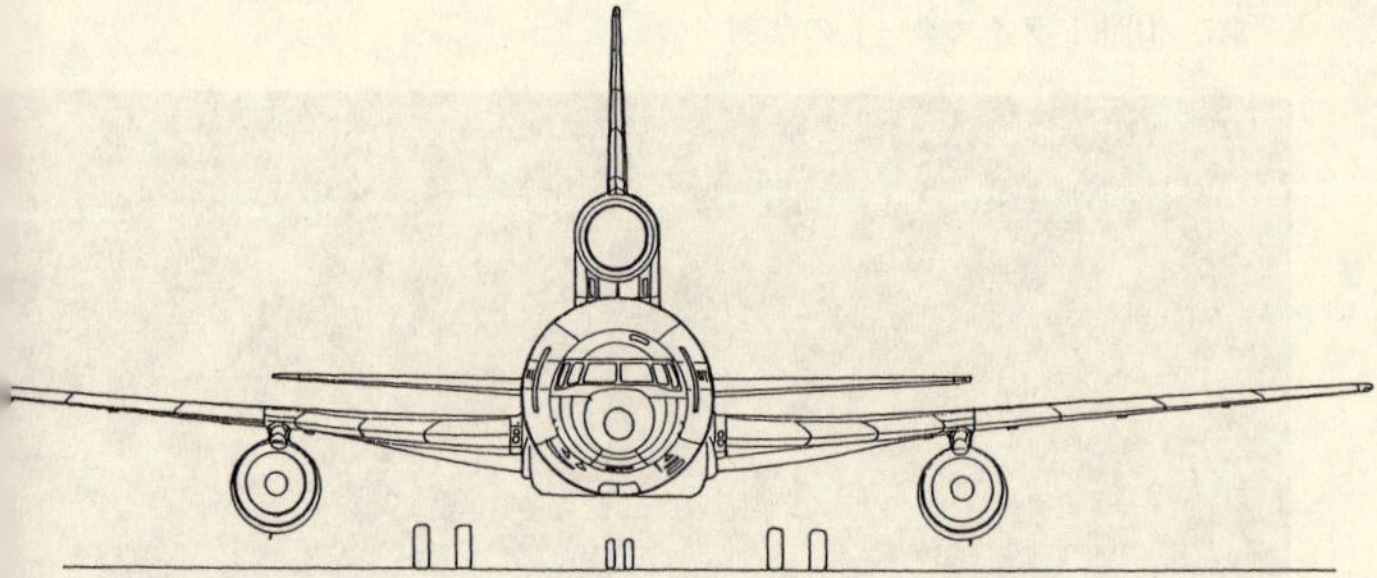

L1011 トライスター

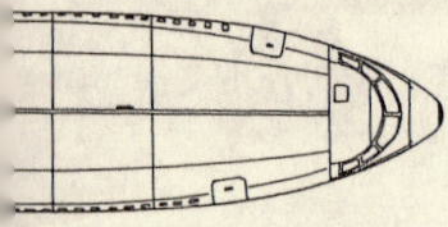

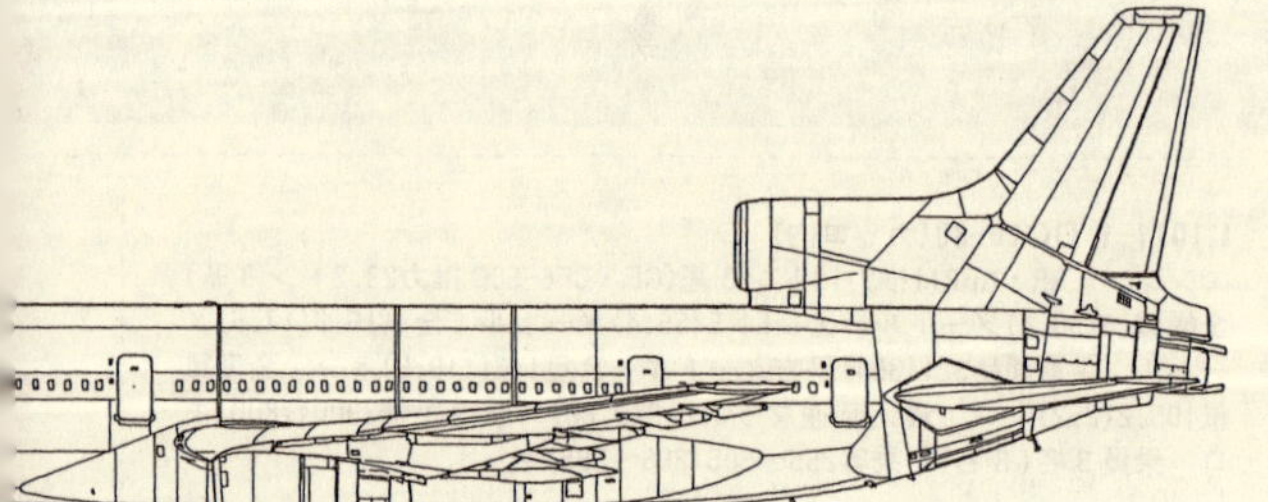

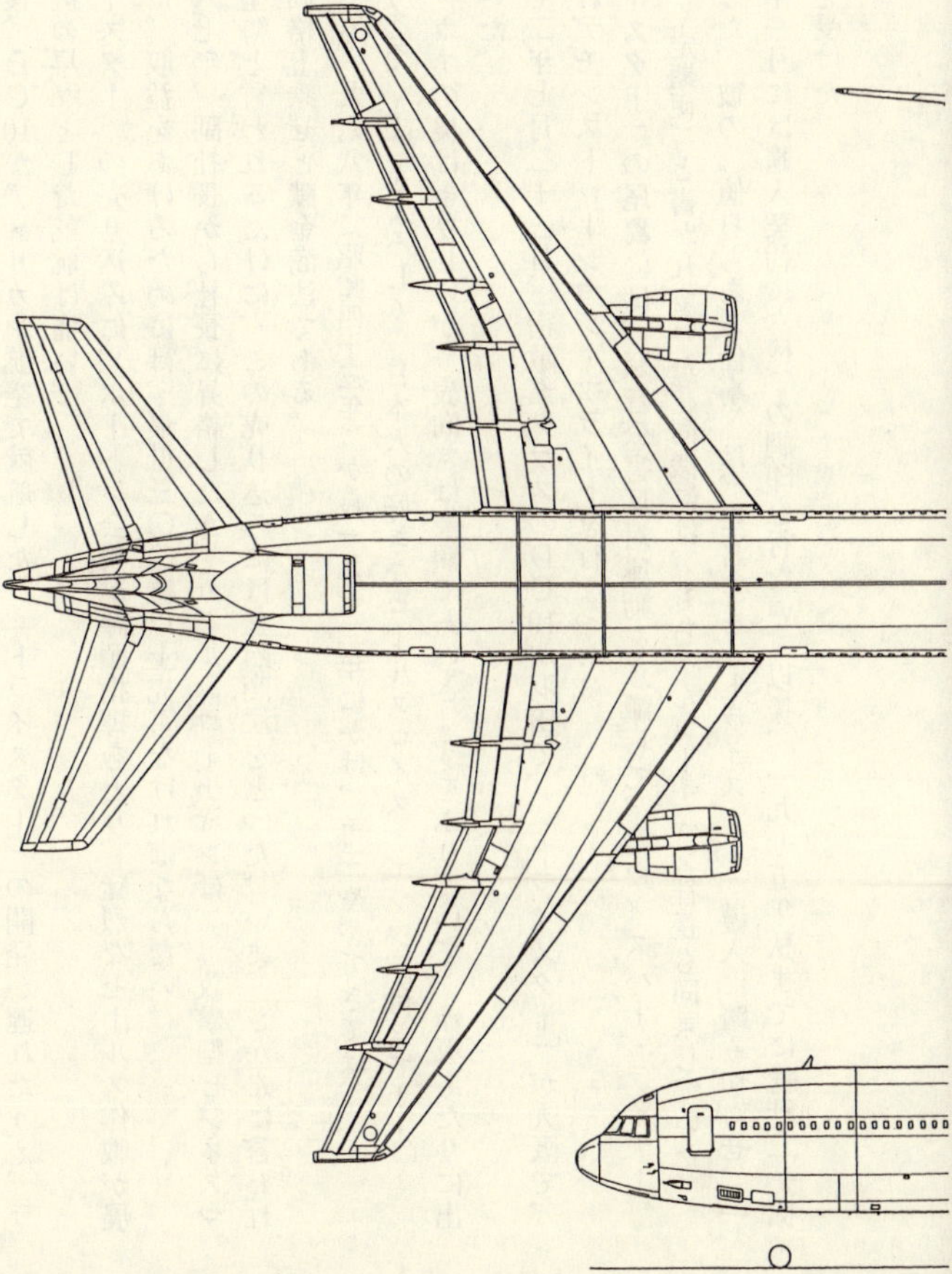

た三日後、DC10がアメリカン航空で就航した。「トライスター」の開発が遅れたうえ、ライバル機の早々とした就航は痛い。「トライスター」の売り込みに、ホートン会長が陣頭指揮をとり、猛烈なセールス作戦が展開された。収益をあげるためには、最低三〇〇機以上売らなければならない。

一九六七年、副社長から社長に昇格したA・カール・コーチャンは、〝攻撃型ビジネスマンの典型〟と言われるだけに、この売り込みには猛烈商法をとった。いま、さかんに言われている価格上乗せと献金商法である。

日本へも一九六八年（昭和四十三年）から一九七二年にかけ、再三やってきては、「『トライスター』をよろしく。日本人の好きなロールスロイス・エンジン付きですよ」と、メガネの奥はきびしいが、表向きは笑顔であいきょうをふりまいて、赤坂あたりに出没していた。

一九七二年七月二十三日、宿敵ダグラスのDC10が羽田で、「トライスター」が大阪で、それぞれデモンストレーション・フライトを行なった。

「トライスター」の尾翼には、騒音公害反対運動を意識して、〝ウィスパー・ライナー〟（ささやく定期便）と書かれていた。同機には、もちろんコーチャン社長も同乗していた。

こうした、彼の〝値打ちある仕事〟は、全日空を「トライスター」導入に踏み切らせ、一九七三年一月には購入契約（六機）の調印を行ない、以後、一九七五年秋までに総計二一機の発注を受けた。

そして一九七二年四月二十六日、「トライスター」がイースタン航空のニューヨーク〜マイアミ線に初就航した。

「これでどうにか、DC10を追い上げることができる」

と、ロッキード社一同は肩の荷をおろしたが、不運なことに、ここで重大事故が突発してしまった。

一九七二年も終わろうとする十二月二十九日、イースタン航空の「トライスター」がマイアミで墜落し、一〇〇人が死亡したのである。

この痛手は大きく、「トライスター」の売れ行きをにぶらせた。もっとも、一年おいた一九七四年三月三日、トルコ航空のDC10も、パリで貨物扉のトラブルから墜落し、三四四人が死亡して世界最大の航空事故を招いている。

一九七五年六月現在、DC10の受注数がオプションを含め二六一機であったのにたいし、「トライスター」は同じく二〇八機であるが、その後の開きはまだ縮まっていない。

黒い霧におおわれたロッキード

創立以来、〝スピードのロッキード〟は、まことにユニークで華やかな機種を多数製作してきたが、同時にその派手さが、大波の寄せてはひくように、何度も経営をあぶなくしてきた。

かつて航空機産業が中企業、大企業であった時代は大きな問題もなかったが、今日のように航空機産業が巨大企業化してくると、その販売方法などでいろいろの不都合も生じてくる。そこに、スキャンダル事件の種がまかれたとみることができよう。

一九七四年六月三日、財政難におちいったロッキード社は、再建案をコングロマリット企業のテクストロン社に提案した。一億ドルにおよぶ投資を受けて、経営を立てなおそうとしたが、翌年二月、テクストロン社の回避で断念せざるを得なくなった。

現在、「ロッキード・エアクラフト・コーポレーション」（ロッキード航空機会社）は、本社をカリフォルニア州バーバンク市におき、多数の小会社を従えている。その主なものは、つぎの五社である。

「ロッキード・カリフォルニア社」（バーバンク＝航空機を生産）
「ロッキード・ジョージア社」（ジョージア州マリエッタ＝軍用・民間輸送機を生産）
「ロッキード・プロパルション社」（マリエッタ＝ロケット・モーターを生産）
「ロッキード・エアクラフト・サービス社」（カリフォルニア州サンタリオ＝航空機の販売）
「ロッキード・ミサイル・アンド・スペース社」（カリフォルニア州サニーベイル＝ポラリス、ポセイドンなどのミサイルおよび宇宙機器の生産）

こんどの事件で、ホートン会長、コーチャン副会長が辞任したほか、首脳陣はだいぶ入れかわり、好調な「トライスター」の飛行ぶりとは逆に、ロッキード社の行く手は厳しい。われわれとしては、いろいろな意味で日本と古くから関係の深いロッキード社の将来をクールに見つめるべきだろう。

その後のロッキード

動乱の一九六〇年代、ドロ沼のベトナム戦争でアメリカの戦費、国防費は膨大なものになった。それは民間航空企業にもおよび、輸送機のしにせダグラスもおかしくなる。ついに一九六六年、マクダネル社はダグラス社を吸収合併し、マクダネル・ダグラス社となった。つづいて翌一九六七年、有名なノースアメリカン社がロックウェル・スタンダード社と合併し、ノースアメリカン・ロックウェル社（アポロ宇宙船を製作）となり人々を驚かせた。そうした背景にはアメリカ国防総省で、繁雑化する納入企業を減らし、コストの削減や時間の無駄を省こうという狙いがあったのである。

その後、合併劇は順調に行なわれ、一九九三年、ロッキード社がゼネラルダイナミクス社と合併、さらに一九九五年、ロッキード・ゼネラルダイナミクス社はマーチン・マリエッタ社（電子機器の大手メーカー）を吸収してロッキード・マーチン社となった。ほかにも前年一九九四年にはノースロップとグラマンが合併してノースロップ・グラマン社に、そして最大の合併劇、ボーイング社がマクダネル・ダグラス社を吸収して、一九九八年、単一にボーイング社を名乗ることになったのである。

とにかくロッキード・マーチン社は、F16ファイティングファルコン戦闘攻撃機（旧ゼネラルダイナミクスの開発）、F22ラプター準ステルス制空戦闘機（ロッキード／ボーイング／ゼネラルダイナミクス合同チーム開発）、F117Aステルス戦闘機（自社開発）のあと、JSF

（空・海・海兵三軍共用）／X35戦術戦闘機が同じJSFのボーイングX32と争って勝ち、二〇〇二年制式のF35となった。F22につづくF35（約二三〇〇機を生産予定）の採用は、ロッキード・マーチンがボーイングの一人勝ちに待ったをかけ、さらに超ベストセラーのC130「ハーキュリーズ」軍用輸送・多用途機やP3C「オライオン」哨戒・偵察機をがっちり握って、昔ながらのロッキードのドタン場に強い体質を物語っている。

【参考文献】ロッキード社史（A Pictorial History of Lockheed）＊"Famous Fighters of the Second World War" Series by William Green ＊"AIRPOWER"＊"The Lockheed P-38"（ARCO PUBLISHING COMPANY INC.）＊大東亜戦争公刊戦史（朝雲新聞社）＊「第2次大戦・アメリカ陸軍機の全貌」（航空情報臨時増刊）＊世界の傑作機No.8「P－38ライトニング」（文林堂）

【写真協力】ロッキード社（現ロッキード・マーチン社）＊アメリカ国防総省＊アメリカ国立公文書館＊オーストラリア戦争博物館＊潮書房【飛行機図版】鈴木幸雄＊小川利彦

本書は昭和五十二年七月、サンケイ出版社刊行の「ロッキード戦闘機」に加筆、訂正しました

あとがき

アメリカの航空機メーカー、ビッグスリー――ボーイング、ダグラス、ロッキードは、それぞれの特長を生かしつつ成長していったが、〝スピードのロッキード〟はまさにその最たるものであった。長く設計にたずさわったのは鬼才ケリー・ジョンソンだが、同社とのつながりは彼がミシガン大学の学生のとき、初代「エレクトラ」の空力特性を風洞実験するアルバイトからだった。

その後、高速旅客機のスター・シリーズや、山本長官〝暗殺〟の双胴の悪魔P38戦闘機、超音速のF104ジェット戦闘機、マッハ三の黒鳥《ブラックバード》SR71高々度偵察機など、流麗と異形に満ちた数々のスピード機を送り出したのだからおもしろい。しかしなんといっても、ロッキードのロッキードたる所以《ゆえん》のものはP38《ピーサンパチ》戦闘機であって、これを解剖することによってすべて明らかとなる。

『ロッキード戦闘機』が文庫本となるにあたり、改めて彼らのスピードにかける理想とバイタリティに驚かされた。技術者の熱き思いと決断力、そして航空会社のたゆまぬ底力をひろく読者に知っていただきたい。

二〇〇五年四月

鈴木五郎

NF文庫

ロッキード戦闘機　新装版

二〇一九年十月十九日　第一刷発行
著　者　鈴木五郎
発行者　皆川豪志
発行所　株式会社　潮書房光人新社
〒100-8077　東京都千代田区大手町一-七-二
電話／〇三-六二八一-九八九一㈹
印刷・製本　凸版印刷株式会社
定価はカバーに表示してあります
乱丁・落丁のものはお取りかえ
致します。本文は中性紙を使用

ISBN978-4-7698-3140-2　C0195
http://www.kojinsha.co.jp

NF文庫

刊行のことば

第二次世界大戦の戦火が熄《や》んで五〇年――その間、小社は夥しい数の戦争の記録を渉猟し、発掘し、常に公正なる立場を貫いて書誌とし、大方の絶讃を博して今日に及ぶが、その源は、散華された世代への熱き思い入れであり、同時に、その記録を誌して平和の礎とし、後世に伝えんとするにある。

小社の出版物は、戦記、伝記、文学、エッセイ、写真集、その他、すでに一、〇〇〇点を越え、加えて戦後五〇年になんなんとするを契機として、「光人社ＮＦ（ノンフィクション）文庫」を創刊して、読者諸賢の熱烈要望におこたえする次第である。人生のバイブルとして、心弱きときの活性の糧《かて》として、散華の世代からの感動の肉声に、あなたもぜひ、耳を傾けて下さい。

＊潮書房光人新社が贈る勇気と感動を伝える人生のバイブル＊

NF文庫

戦場における34の意外な出来事
土井全二郎
日本人の「戦争体験」は、正確に語り継がれているのか――失われつつある戦争の記憶を丹念な取材によって再現する感動の34篇。

陸軍人事
藤井非三四
その無策が日本を亡国の淵に追いつめた年功序列と学歴偏重によるエリート軍人たちの統率。日本が抱えた最大の組織・帝国陸軍の複雑怪奇な「人事」を解明する話題作。

インパールで戦い抜いた日本兵
将口泰浩
あなたは、この人たちの声を、どのように聞きますか？　第二次大戦を生き延び、その舞台で新しい人生を歩んだ男たちの苦闘。

日本海軍ロジスティクスの戦い
高森直史
物資を最前線に供給する重要な役割を担った将兵たちの過酷なる戦い。知られざる兵站の全貌を給糧艦「間宮」の生涯と共に描く。

Uボート、西へ！
エルンスト・ハスハーゲン　並木均訳
1914年から1918年までのわが対英哨戒　艦船五五隻撃沈のスコアを誇る歴戦の艦長が、海底の息詰まる戦いを生なましく描く、第一次世界大戦ドイツ潜水艦戦記の白眉。

写真　太平洋戦争　全10巻
〈全巻完結〉
「丸」編集部編
日米の戦闘を綴る激動の写真昭和史――雑誌「丸」が四十数年にわたって収集した極秘フィルムで構築した太平洋戦争の全記録。

＊潮書房光人新社が贈る勇気と感動を伝える人生のバイブル＊

NF文庫

空母「飛鷹」海戦記 「飛鷹」副長の見たマリアナ沖決戦

志柿謙吉

艦長は傷つき、航海長、飛行長は斃れ、乗員二五〇名は艦と運命を共にした。艦長補佐の士官が精鋭艦の死闘を描く海空戦秘話。

海軍フリート物語［激闘編］ 連合艦隊ものしり軍制学

雨倉孝之

日本の技術力、工業力のすべてを傾注して建造され、時代のニーズによって変遷をかさねた戦時編成の連合艦隊の全容をつづる。

艦攻艦爆隊 雷撃機と急降下爆撃機の切実なる戦場

肥田真幸ほか

九七艦攻、天山、流星、九九艦爆、彗星……技術開発に献身、また鉄壁の防空網をかいくぐり生還を果たした当事者たちの手記。

キスカ撤退の指揮官 太平洋戦史に残る作戦を率いた提督木村昌福の生涯

将口泰浩

昭和十八年七月、米軍が包囲するキスカ島から友軍五二〇〇名を救出した指揮官木村昌福提督の手腕と人柄を今日的視点で描く。

飛行機にまつわる11の意外な事実

飯山幸伸

小説よりおもしろい！　零戦とそっくりな米戦闘機、中国空軍の日本本土初空襲など、航空史をほじくり出して詳解する異色作。

軽巡二十五隻 駆逐艦群の先頭に立った戦隊旗艦の奮戦と全貌

原為一ほか

日本軽巡の先駆け、天龍型から連合艦隊旗艦を務めた大淀を生むに至るまで。日本ライト・クルーザーの性能変遷と戦場の記録。